Aus Gründen der besseren Lesbarkeit wird auf die gleichzeitige Verwendung der Sprachformen männlich, weiblich und divers (m/w/d) verzichtet. Sämtliche Personenbezeichnungen gelten gleichermaßen für alle Geschlechter.

Satz & Gestaltung: Verena Kessel
Druck: ABT Print und Medien GmbH, Weinheim

FSC www.fsc.org MIX Papier aus verantwortungsvollen Quellen FSC® C018996

Klimaneutral Druckprodukt ClimatePartner.com/12174-2302-1024

ÖKOSTROM ÖKOFARBEN

Metropolregion Rhein-Neckar
Gedruckt in der Metropolregion Rhein-Neckar

ISBN 978-3-86476-177-5

Seit 1542

Verlag Waldkirch KG
Schützenstraße 18
68259 Mannheim
Telefon 0621-129150
Fax 0621-1291599
E-Mail: verlag@waldkirch.de
www.verlag-waldkirch.de

Gerhard Mandel
Peter W. Ragge

Fotos
Thommy Mardo

Gerhard Rietschel
Wilfried Rosendahl

BUGA23

Mannheims andere Bundesgartenschau

Verlag Waldkirch

AUF DEM WEG ZUR BUGA

Es war ein steiniger Weg zur Mannheimer BUGA23. Felsbrocken wie einen Bürgerentscheid galt es zu überwinden, Verzögerungen bei der Freigabe des Spinelligeländes kosteten sage und schreibe zwei Jahre. So konnten letzte Details erst auf der Zielgeraden fertig werden, mit extremem Einsatz vor Ort. Das Buch zur BUGA23 macht diesen Umstand zum Inhalt und ergreift die Chance, eben diesen Weg nachzuzeichnen: Unfertiges absichtlich so darzustellen, wie es sich unterwegs präsentierte und Neugierde zu wecken auf den tatsächlichen Endzustand. Lust auf Hunderttausende Blüten und Farbenpracht im Luisenpark. Offenheit für die Zukunftsfragen auf Spinelli. Dieses BUGA-Buch ist kein typischer Bildband, aber seine Einladung zum Experiment Expedition in die Zukunft spricht Bände.

Klappe auf und los geht's!
Auf dem Weg zur BUGA23.

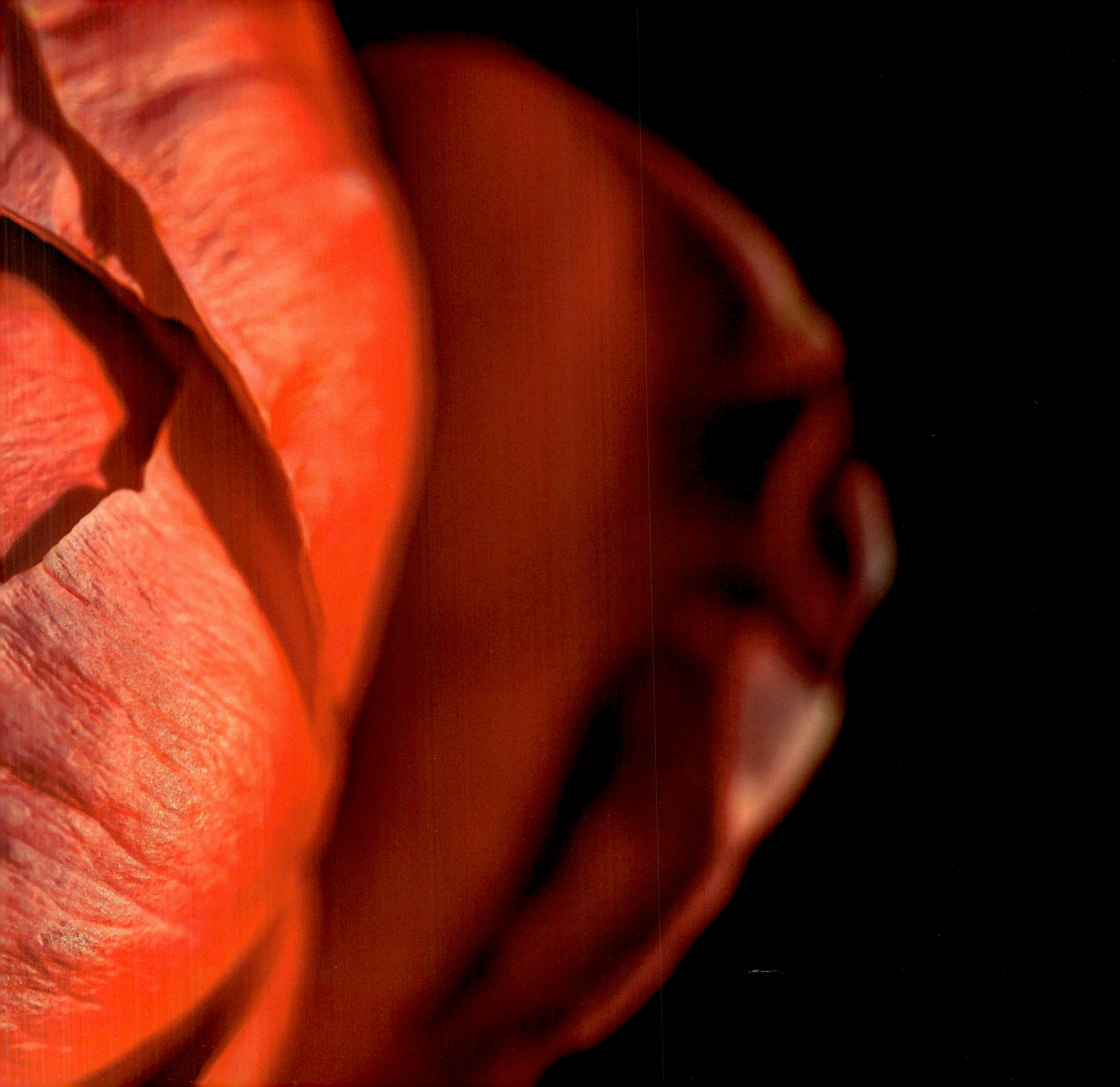

MANNHEIM, WOHIN?

BUGA23 – die andere Bundesgartenschau

Was soll eine Bundesgartenschau? Was soll sie sein, was soll sie bieten, wann ist sie ein Erfolg, was soll sie bewirken und was bleibt nach ihrem Ende? Alles keine neuen Fragen und doch seit 1951 alle zwei Jahre neue Antworten. BUGA23 also alles wie bisher, nur an einem anderen Standort, mit an den Schauplatz angepassten Schwerpunkten? Nein. Die BUGA-Idee stellt sich neu auf.

Zwei ganz und gar unterschiedliche Gelände machen es möglich:

Zum üppigen, vor Blumenpracht nur so strotzenden und jetzt endlich wieder zu gewohntem Glanz modernisierten Luisenpark tritt mit dem früheren Militärgelände Spinelli als neue Säule ein über 60 Hektar großes Fragezeichen. Diese BUGA stellt bewusst mehr Fragen als es heute Antworten gibt. Das ist keine Ratlosigkeit, eher die Chance, Zukunftsfragen als Anstoß für überlebenswichtige Themen in den Alltag nach 2023 mitzunehmen. Vielleicht wächst daraus ein weiteres Glied in der Kette Mannheimer Erfindungen. Nach dem Auto aus der Tüftlerwerkstatt, nach dem Traktor aus der Fabrik jetzt Experimente und Ideen für Leben im Einklang mit und nicht auf Kosten der Natur. Das wäre ein neues Zugpferd aus dem BUGA-Stall.

Mannheims zweite BUGA nach der von 1975 steckt sich selbst große Ziele. Über Nachhaltigkeit und Zukunftsgestaltung nicht nur reden will BUGA-Geschäftsführer Michael Schnellbach:

„Wir zeigen, dass es geht und wie es geht.“[1] Vorhandene technische Lösungen sollen in ihrem Zusammenspiel beweisen, dass viele kleine Teile ein Gesamtbild umweltschonender Stadtgestaltung ergeben.

Welche Bäume werden in Zukunft in heißer Innenstadtumgebung überleben, wie reagieren sie auf Starkregen? Liefern Sonnensegel aus hauchdünnem Material wirklich nennens-

BUGA23
MANNHEIM VERBINDET

wert elektrische Energie? Wieviel CO_2, verursacht von Lieferfahrzeugen zur Baustelle, lässt sich durch Vor-Ort-Herstellung mittels 3-D-Druckverfahren und automatisierter Montage vermeiden? Wie kann moderne Fassadengestaltung ein Haus spürbar kühlen, ohne dabei Energie zu verbrauchen? Die Reihe dieser Fragen ist lang, zu finden sind Antworten, zumindest Ansätze dazu, auf den Kilometern durch Spinelli.

An die Seite der Freude an Natur mit ihrer überwältigenden Vielfalt und gleichzeitiger Feinheit in Farben, Pflanzen, Blüten und deren kunstvoller Komposition im Luisenpark stellt die BUGA-Idee auf Spinelli drängende Zukunftsfragen. Dort, wo die Natur fast ein Jahrhundert lang hektarweise unter Militärhallen und schwerem Gerät buchstäblich begraben war, darf diese Natur jetzt machen, was sie will. Diese Freiheit hat sie schon sichtbar genutzt. Im westlichen Spinelli-Gelände sind schon vor mehr als einem Jahr Tausende Lurche, Kröten, Echsen, Wildbienen eingezogen. Rund 25 Vogelarten, teilweise auf der roten Liste als bedroht geführt, fühlen sich dort inzwischen wohl; Altholzstämme und Steinhaufen sind passende Behausungen.[2]

Das Material dafür stammt vom Gelände selbst. Recycling aus Hallendächern, Betonbalken und Schutt. Nein, das ist kein Stück

BUGA, das leider nicht fertig geworden ist, das ist Programm, das ist gewollt. Erklärungsbedürftig ist das jedoch allemal.

Überhaupt: Spinelli ist kein selbsterklärendes PC-Programm. Fragezeichen dominieren. Auch das ist gewollt, freilich mit dem Angebot, bei der Antwortsuche zu helfen.

Eine große Herausforderung für Planer, Macher und am Beet vor Ort. Aufgaben, die überall auf der Welt bestehen. Beispiel gefällig? Die UNO hat 17 Nachhaltigkeitsziele formuliert. Für jedes Ziel hält die BUGA einen eigenen Garten bereit.

Unterstützung kommt von prominenten Mitstreitern. So vom Mannheimer Sänger Rolf Stahlhofen und der WIR Fondation beim Thema sauberes Wasser/Sanitäreinrichtungen. Die Biodiversity Foundation mit Ingrid und Dirk Steffen, dem ZDF-Autor von Terra X, arbeitet globale Zusammenhänge heraus.

Das „Fragezeichen Spinelli" führt nicht automatisch zu unbestreitbar richtigen Handlungsanweisungen. Ganz bewusst sprechen die BUGA-Verantwortlichen von einem großen Experiment, Ausgang offen. Auch das ist eine neue Art BUGA. Die vier Hauptthemen Klima, Umwelt, erneuerbare Energien und Nahrungsmittel bieten jede Menge Testmöglichkeiten, sie verlangen diese sogar. Immer mit der Möglichkeit zu irren, aber auch mit der Chance, zu entdecken.

Über alle ihre Details stellt die BUGA das Ziel Nachhaltigkeit. In seinen Anfängen ein konkret schwer belegbarer Begriff, der erst mit vielen kleinen Inhalten zu einem Gesamtbild gewachsen ist. Manchmal auch Sprechblase, die bei genauem Hinsehen platzte. Genau das Gegenteil will die BUGA erreichen.

Sie führt dazu u.a. die Seilbahnverbindung zwischen den beiden Ausstellungsteilen an. Bei der Mannheimer BUGA 1975 pendelte zwischen Luisenpark und Herzogenriedpark der

Aerobus, er wurde nach Ausstellungsende verschrottet. Die jetzige Seilbahn nutzten schon 2022 die Floriade-Gäste im holländischen Almere, 2023 schweben die Besucher über Neckar und Feudenheimer Au nach Spinelli, nach BUGA-Ende werden die Kabinen in Österreich fahren. Sieht also nicht nach Luftikus in Sachen Nachhaltigkeit aus.

U-Halle, Eingangsbereich, die frühere Heizzentrale sind Beispiele, wie einstige Kasernengebäude, leicht angepasst, auch für eine BUGA nutzbar sein können. Das auch in dem Gedanken, die Geschichte dieses Ortes bewusst zu machen. Aus Nachschub für Krieg soll Nachschub für Mensch und Natur werden.

Nachhaltig wird „der Mannheimer Weg in die Zukunft“[3] nur sein, wenn es gelingt, aus Besuchern dauerhaft Benutzer zu machen. Beim Luisenpark erscheint diese Aufgabe leichter. Seine lange Jahre zu Recht geführte Bezeichnung als „eine der schönsten Parkanlagen Europas“[4] darf nach erfolgreicher Aufwertung der Neuen Parkmitte gerne wieder aufleben. Spinelli als künftig sparsam gepflegte, aber gewollt ausgiebig genutzte Freifläche für Aufenthaltsqualität, Spiel und Spaß in einer Frischluftzone, hat seine Selbstfindung noch vor sich. Das Vor-Ort-Experiment nach der BUGA.

Nachhaltig in anderer Weise wäre, den inhaltlichen Ansatz der BUGA23 als künftig selbstverständlichen Grundsatz von Stadtentwicklung in Bürgerschaft und Behörden zu verankern. Das Experiment im Kopf.

Soll das der Auftrag einer BUGA im Jahr 2023 sein? Ja, jedenfalls, wenn die Zusammenführung von vielen Faktoren der Stadtentwicklung gelingen soll, von Wohnen, Arbeit, Freizeit, sozialem Zusammenhalt und naturgerechtem Umgang mit Ressourcen wie Wasser, Boden und Luft.

All diese Ideen den Besuchern zu vermitteln, sie für die Umsetzung im Alltag zu gewinnen, das ist die vielleicht größte Herausforderung über die Ausstellungsinhalte hinaus. Wird der Optimismus der BUGA-Verantwortlichen anstecken und aus Betrachtern Nachahmer machen? Für den Geschäftsführer der Deutschen Bundesgartenschau-Gesellschaft Jochen Sandner keine Frage: „Ich bin mir sicher: Diese BUGA wird Sie begeistern."[5]

Die Mannheimer BUGA-Gesellschaft nimmt für ihre 178-Tage-Schau in Anspruch, „Beste Aussichten" zu bieten. Die Chancen dazu stehen gut. Das BUGA-Buch will helfen, diese Aussichten zu erkunden, sie auf den Prüfstand zu stellen und ein halbes Jahr lang im Katalog der Zukunftsideen zu blättern. Und das mitten in einem Fest für alle Sinne.

Gerhard Mandel

CAT

Michael Schnellbach

DER MACHER

„Ich habe keinen grünen Daumen", sagt er oft, und manchmal klingt es ein bisschen entschuldigend. Aber mit Michael Schnellbach ist tatsächlich kein Gärtner der oberste Chef der Bundesgartenschau Mannheim 2023, sondern ein Verwaltungsmann. Und das ganz bewusst.

Dabei wirkt Schnellbach nie wie ein Beamter – ganz im Gegenteil. Genau das erwies sich auch stets als sein Vorteil in vielen anderen Positionen der Mannheimer Stadtverwaltung, die er zuvor innehatte und mit denen er sich für die Leitung des sommerlangen Festivals empfohlen hat. Er ist vielmehr ein Managertyp im positiven Sinne, der auch die Perspektive und das Berufsleben außerhalb der öffentlichen Verwaltung kennt, aber in der Behördenwelt bestens vernetzt ist und das zugunsten der Bundesgartenschau zu nutzen wusste.

Zugleich hat er sich bei der Stadt Mannheim bei schwierigen Aufgaben ebenso bewährt wie bei der Kostenkontrolle oder der Kommunikation mit Bürgern, an der es ja gerade zu Beginn des BUGA-Planungsprozesses gewaltig haperte. Schnellbach absolvierte dagegen hunderte von Terminen, saß unzählige Abende in Bezirksbeiratssitzungen, erklärte wieder und wieder und noch einmal die Planungen und führte in der Bauzeit ständig Besuchergruppen über das Gelände.

1964 in Heidelberg geboren, ist Schnellbach nach der Schule erst vier Jahre als Geschäftsführer eines Lokals in Heidelberg tätig, ehe er studiert – und von seiner Zeit in der Gastronomie und den Erfahrungen hat er seither immer wieder profitiert.

1989 geht der Diplom-Verwaltungswirt zur Mannheimer Stadtverwaltung, wo er sich als Sachbearbeiter im – damaligen – Amt für Organisation und technikunterstützte Informationsverarbeitung auf Wirtschaftlichkeitsanalysen, Projektcontrolling sowie Optimierung der Aufbau- und Ablauforganisation spezialisiert.

Danach leitet er im Fachbereich Sicherheit und Ordnung die Abteilung Ordnungswidrigkeiten und das Pilotprojekt zur Einführung betriebswirtschaftlicher Instrumente. Von dort wechselt der Vater von zwei Töchtern erst als Referent, dann als Büroleiter ins Dezernat des früheren Bürgermeisters Rolf Schmidt, wo er über Parteigrenzen hinweg für seine Arbeit im Bereich Sicherheit (Einführung der Videoüberwachung) wie auch im Beteiligungsmanagement viel Anerkennung findet.

Daher fällt die Wahl auch auf ihn, als 2008 ein Kaufmännischer Leiter und Prokurist für die m:con-mannheim:congress GmbH, die städtische Tochter zur Vermietung des Rosengartens und für Kongress- und Veranstaltungsmanagement, gesucht wird. Auch auf diese Erfahrungen greift Schnellbach bei der Bundesgartenschau immer wieder zurück.

Im Herbst 2011 wechselt er aus dem Rosengarten wieder in die Verwaltung, nun an die Spitze der Bürgerdienste, sprich der gesamten Vorortverwaltung, des Standesamts, des Fundbüros, der Ausländerbehörde und der Behördennummer „115". Auch da bewährt er sich als bürgernah.

Als Mannheim sich 2013 erfolgreich um die Bundesgartenschau 2023 beworben hat, gründet die Stadt dafür eine eigene Gesellschaft. Ihr erster Geschäftsführer ab 2014: Michael Schnellbach – zunächst noch neben seiner Funktion als Fachbereichsleiter der Stadt und mit einem ganz kleinen Kernteam. „Die Mannheimer mehr mitnehmen auf dem Weg zu einer tollen, wichtigen Veranstaltung" – das hat er sich vom ersten Tag an zum Ziel gesetzt. Ab September 2017 wird er dann ganz zum „Mister Bundesgartenschau" und gibt die Leitung der Bürgerdienste auf. Ende 2019 wird Schnellbach zugleich auch Geschäftsführer der Stadtpark-Gesellschaft neben dem bisher alleinigen Parkchef Joachim Költzsch.

Schnellbachs großes Hobby ist Rugby: 26 Jahre hat er selbst gespielt, davon 16 Jahre in der 1. Bundesliga. Seit 2011 ist er ehrenamtlich Vizepräsident des Deutschen Rugby-Verbandes (DRV) und seit 2018 verantwortlich für den gesamten Leistungssport, also alle Nationalmannschaften ab 18 Jahren.

Peter W. Ragge

ZÜBLIN

T-2
T-2

BESUCHE – BESUCHER?

1907 – 1975 – 2023

Die Eintrittspreise für die BUGA sind moderat. Ganz besonders günstig ist die Dauerkarte im Vorverkauf gewesen, und auch wenn sie seit Beginn regulär 145 Euro kostet, stehen Angebot und Entgeld in sehr gutem Verhältnis. Wie viele Besucher werden überhaupt kommen und wie oft?

Diese Zahlen gelten bei Bundesgartenschauen schon immer als ein Gradmesser des Erfolgs. Aber Vorsicht: Vergleiche sind nur bedingt möglich. Wie war das 1975, als offiziellen Zahlen nach über acht Millionen Menschen die Eingänge passiert haben sollen? Ohne der ersten Mannheimer BUGA zu misstrauen: Ernsthaft belastbar ist diese Zahl nicht. Damals wurde die mechanische Zähluhr per Daumen bewegt und Zeitzeugen erinnern sich, dass Besucher auch mal durchgewunken und Dauerkarten weitergegeben wurden.

Dank Nummerierung konnte man für die Internationale Kunst- und Große Gartenbauausstellung 1907 4,6 Millionen Besucher feststellen; Mannheim hatte damals rund 175.000 Einwohner.[1]

Seit Strichcode und Passbild sind diese Zeiten vorbei. Ein Fest für Statistiker. Sie werden exakt nach verschiedenen Besuchenden und Anzahl der Besuche unterscheiden können. Und sie wissen, wie viele Kinder bis 14 Jahre und junge Erwachsene bis 24 Jahre Luisenpark und Spinelli erkundet haben.

Die Erwartung der BUGA23 scheint mit 2,1 Millionen Besuchen erreichbar. Zum Vergleich: In Heilbronn (2019) kamen 2,3 Millionen und nach Erfurt (2021) zog es 1,5 Milllionen, allerdings verhinderte da Corona mehr Gäste.

Gerhard Mandel

ALLER GUTEN DINGE SIND VIER

Für die BUGA23 steht fest: Wir probieren vieles. Die Besucher sollen Lösungsmöglichkeiten zu den vier weltweit bedeutenden **Kernthemen Energie, Umwelt, Klima und Nahrungsmittelsicherung** kennen lernen: real existierende „Erfindungen", direkt vor Ort erfahrbar, ausprobierbar, Ideen, die manchmal verblüffen. Auf den ersten Blick mag es Zweifel geben, ob einzelne Ausstellungsbeiträge mehr sind als pfiffige Spielerei. Taugen diese Ideen tatsächlich für den Einsatz im rauen Alltag? Erreichen diese Prototypen das Ziel der Serienreife?

Der Bereich nördlich der U-Halle heißt Experimentierfeld und ist es. Für die BUGA-Idee ist diese inhaltliche Gestaltung eines so großen Ausstellungsgeländes auch ein Experiment. Machen die Besucher mit? Jedenfalls sind mitdenken, zweifeln, kritisch nachfragen, von den BUGA-Beispielen für zuhause „abschreiben" ausdrücklich erwünscht.

So verstehen zehn regionale Landschaftsgärtner ihre Schaugärten als Anregungen für den Hausgebrauch. Auch auf kleiner Fläche kann man der Natur einen großen Gefallen tun. Blüten statt Betonplatten im Vorgarten wären ein guter Anfang. Und wenn hinter dem Haus noch Platz ist, bietet sich der unterirdische Kühlschrank ohne Stecker als Lagerfläche für Lebensmittel oder als Weinkeller an. Sein Versprechen einer Innentemperatur nie unter null und nie über zwölf Grad kann man nachmessen.

Gas, Öl und andere fossile Brennstoffe sind Auslaufmodelle. Was kommt dann? Strom aus Sonnenkraft ist kein Experiment mehr, auf dem Dach der U-Halle auf über 6.000 Quadratmetern schon Alltag.

Dorthin muss Wasserstoff als Rohstoff erst noch kommen, damit das Bedürfnis z.B. nach einer warmen Wohnung umweltgerecht erfüllbar wird. Dabei helfen soll ein allzu menschliches Bedürfnis. „Pee-Power" nennt sich die Technologie für Wasserstoff aus Urin. BUGA-Besucher dürfen gerne ihren Beitrag an der „Getränkerückgabestation" abliefern.

In eine aus Mülltonnen zusammengebaute Riesenhalle führt die Suche nach den Schätzen des Abfalls. Die Kreislaufwirtschaft verspricht, dass so gut wie alles wiederverwertbar ist.

Mit rund 4.400 Pflanzen geht die Rosenanlage ins Gefecht um die Publikumsgunst. Vor einem Jahr war die Fachjury bei einem ersten Durchgang mit diesem Ausstellungsbeitrag sehr zufrieden. Besucher, die das auch sind, können nach BUGA-Ende „ihre" BUGA-Rose erwerben und als nachhaltige Erinnerung zuhause hegen und pflegen.

Bienen sollen sich vom ersten BUGA-Tag an über Nahrung aus den Blüten von 3.500 Stauden und noch mehr Wildpflanzen auf dem „Hektar für Nektar" freuen.

Einen spannenden Ansatz verspricht der „symphonic garden“, wo internationale Musik den Schulterschluss mit Pflanzen sucht, vielleicht um zu erspüren, wo Luftzug sich an Blättern reibt und zu Windgeräusch mutiert.

Im Nahrungsfeld zeigen Erzeuger, wie landwirtschaftliche Produktionsweisen heute z.B. bei Getreide auch ohne Kunstdünger auskommen.

In der Region um Mannheim zählt Wein – jedenfalls beinahe – zu den Grundnahrungsmitteln. Kann man so sehen. Für Winzer von der nahen Bergstraße und aus der Pfalz ist es selbstverständlich, den Kunden reinen Wein einzuschenken. Da trifft es sich gut, dass sie Reben mitgebracht haben, die durch Züchtung pilzresistent sind. Spritzmittel so gut wie passe.

Es ist ratsam, sich für den Weg durch das Experimentierfeld Zeit zu nehmen, am besten wiederzukommen. Die Reihe der dort vorgestellten Lösungsvorschläge ist lang. Gelingt ihnen der Einzug in Häuser, Verkehrsmittel, in Umweltschutz, in Arbeitsplätze oder Essen und Trinken, dann sind aller guten Dinge bald vier. Mindestens.

Gerhard Mandel

DER DAUERHAFTE DREIKLANG

wohnen – leben – spielen

Was haben die städtebauliche Entwicklung in Käfertal-Süd, die Parkschale und Spielplätze gemeinsam? Sie alle drei bleiben auch nach Ende der BUGA Nachbarn. Während auf dem ganz überwiegenden Teil von Spinelli Beete und Anlagen „zurückgebaut", also verschwinden werden und nur spärlichst gepflegte Freiflächen entstehen, hat der Dreiklang am Nordrand der BUGA Bestand. Am Ende sollen dort rund 4.500 Menschen wohnen, unter (teilweise gespendeten) Bäumen verweilen und an interaktiven Spielstationen Mannheimer Erfindungen in Bewegung bringen. Auch ein Stück Nachhaltigkeit.

Um das halbmondartig angelegte Neubaugebiet ist heftig gestritten worden. Letztlich fand ein Kompromiss politische Mehrheiten. Möglichst vielen Menschen Wohnraum zu geben, dabei nicht zu sehr zu verdichten, alternative Wohnformen anzustoßen und traditionelles Wohneigentum zu erlauben, so wird diese Randbebauung von Käfertal nun aussehen. Der Turnverein, der um seine Heimat fürchtete, bleibt an seinem angestammten Platz und darf auf neue Mitglieder aus der Nachbarschaft hoffen.

Bis auf letzte Restarbeiten fertig ist mit dem ersten Bauabschnitt die weithin sichtbare Hochhausbebauung. Mit einem Vorzeigehaus fast ganz aus Holz, mit Quartierparken statt Stellplätzen vor der Tür und mit allerdings nur in der ersten Reihe freiem Blick auf das BUGA-Gelände, zur Bergstraße bis Schriesheim und Heidelberg.

Während der BUGA-Monate machen Bagger und Kräne Pause, somit stören weder Baulärm noch Staub. Dafür herrscht Leben in der Parkschale. Sie ist absichtlich als sanfte Vertiefung angelegt. Ein mit Blick auf die Nachnutzung durch Geländemodellierung leicht geschützter Raum. Über 70 Bäume sind in einer vom Freundeskreis Bundesgartenschau e.V. betreuten Spendenaktion dort gepflanzt worden, dazu die Mehrzahl von der BUGA-Gesellschaft. Das schafft dauerhafte Aufenthaltsqualität.

An Mannheimer Erfindungen wie Automobil, Traktor oder Aufzug erinnern Spielgeräte nicht als bloße Klettergerüste. Sie funktionieren mit einer einzelnen Person nicht, sie fordern Zusammenwirken, sonst stehen sie still. Bewegung gibt's erst gemeinsam. Eine schöne Idee auch mal für die Großeltern und Enkelkinder, bereits während der BUGA.

Gerhard Mandel

URZEITREISE

Episoden aus dem Schichtenbuch der Erdgeschichte

Blick von den Odenwaldrandhöhen bei Schriesheim in die oberrheinische Tiefebene Richtung Mannheim.

Mannheim liegt im nördlichen Teil der Oberrheinregion. Die Erd-, Klima- und Landschaftsgeschichte Mannheims ist im Besonderen durch die geologische Entwicklung dieser Region geprägt.

Auch das im mitteleuropäischen Vergleich sehr milde Klima in Mannheim steht im Bezug zur geographischen Lage in der Oberrheinebene, seitlich geschützt durch die herausgehobenen Randhöhen des Odenwaldes im Osten und des Pfälzerwaldes im Westen. Es gibt nur wenige Frosttage im Winter und viele heiße Tage im Sommer. Über die Lage der Stadt an Rhein und Neckar ist das Klima des Weiteren durch eine überdurchschnittlich hohe Luftfeuchtigkeit gekennzeichnet, was im Sommer zu einer drückenden Schwüle führt.

Der große Graben

Als Oberrhein bezeichnet man den etwa 300 km langen und bis zu 40 km breiten Rheinabschnitt zwischen Basel im Süden und Bingen im Norden. Anrainer sind die Schweiz bei Basel, Frankreich mit dem Elsass bzw. der Region Grand Est sowie Deutschland mit den Bundesländern Baden-Württemberg, Hessen und Rheinland-Pfalz.

Dieser Mittellauf des Flusses wird wegen seiner geographischen Lage auch als Oberrheinische Tiefebene bezeichnet. Die Tiefenlage ist in der besonderen erdgeschichtlichen Entwicklung dieses Gebietes begründet. Es handelt sich nämlich um eine geologische Senkungszone in der Erdkruste bzw. eine Grabenzone, den sogenannten Oberrheingraben.

Der Oberrheingraben ist eine der bedeutendsten geologischen Großstrukturen Europas. Diese Senkungs- und Dehnungszone in der Erdkruste ist sogar aus dem Weltraum bzw. auf Satellitenbildern gut zu erkennen.

Vor 48 Millionen Jahren prägte eine tropische Regenwaldlandschaft mit Urpferden die sich langsam absenkende Oberrheinregion.

Im Zusammenhang mit Zugspannungen in der Erdkruste während der Auffaltung der Alpen begann die Grabenbildung vor etwa 50 Millionen Jahren im Eozän. Der Oberrheingraben ist Teil einer großen Störungszone in der europäischen Erdkruste, welche vom Mittelmeer und dem Rhonegraben über den Rheingraben bis zum Oslograben und der Nordsee reicht.

Zu dieser Zeit war die sich langsam absenkende Landschaft durch eine weite Ebene mit Seen und Sümpfen und einer tropischen Regenwald-Vegetation geprägt. Ein Fenster in diese Zeit und das damalige Leben am Oberrhein eröffnen die Funde aus der Grube Messel bei Darmstadt. Es handelt sich um Seeablagerungen aus einem Vulkankrater (Maarsee).

Schwarzes Gold, Nordseebesuch und Hauerelefanten

Im Verlauf der Erdgeschichte (Paläogen, Neogen und Quartär) kam es in den verschiedenen Bruchzonen des Grabens zu unterschiedlich hohen Absenkungsraten in der Erdkruste. Einhergehend mit diesen Prozessen wurde der Oberrheingraben zu einem bedeutenden Ablagerungsraum für Meeres-, Fluss- und Seesedimente. Zum Teil erreichen die Grabenfüllungen eine Mächtigkeit von über 3.000 Metern.

In den tieferen und älteren Schichten, den Pechelbronner Schichten (36 bis 33 Millionen Jahre, oberes Eozän bis unteres Oligozän), benannt nach dem elsässischen Ort Pechelbronn, ist etwas Besonderes enthalten, was auch zur Namengebung des Ortes führte, nämlich Erdpech bzw. Erdöl. Zur Entstehungszeit dieser Schichten war der Graben bereits voll entwickelt und eine tiefere Landschaftsebene mit Seen und Sümpfen deutlich erkennbar. Von den erhöhten Grabenrändern her transportierten Flüsse gröbere Sedimente in die Ebene.

Mit Pechelbronn liegt die älteste Erdölförderung Europas im Oberrheingraben. Eine Förderung des „Schwarzen Goldes“ aus den Pechelbronner Schichten findet auch heute noch statt, z.B. bei Landau, Eich, Stockstadt oder Speyer. Das Erdölfeld Speyer-Römerberg wurde 2003 entdeckt. Erdgaslagerstätten finden sich ebenfalls im tieferen Untergrund.

Ein Besuch des BUGA-Geländes vor 31 Millionen Jahren (Mittel-Oligozän) wäre trockenen Fußes nicht möglich gewesen. Nur ein Taucheranzug oder ein U-Boot hätten eine Gebietserkundung erlaubt. Es ist schwer vorstellbar, aber zu dieser Zeit reichte die Ur-Nordsee bis Basel und die Senkungszone des Oberrheingrabens war ein Meeresgebiet, in dem sich Seekühe und Haie tummelten. Die flankierenden Randhöhen bzw. Grabenschultern, d.h. Schwarzwald und Odenwald auf der rechten Rheinseite und Vogesen wie Pfälzerwald auf der linken, waren Küstengebiete mit Meeresblick.

Das Gastspiel der Nordsee dauerte aber nur ein paar Millionen Jahre und vor 23 Millionen Jahren, zu Beginn des Miozäns, hatte sich das Meer wieder völlig aus dem Oberrheingebiet zurückgezogen. Die Region war eine flache Senke mit Seen und Flüssen und es herrschte trockenes Klima.

Vor 16 Millionen Jahren wurde es unruhiger, denn im südlichen Teil des Oberrheingrabens kam es im Zusammenhang mit den Krustenbewegungen im Grabenuntergrund zu Vulkanausbrüchen. 1200 Grad heiße Lavaströme er-

Vor etwa 31 Millionen Jahren gab die Nordsee ein „kurzes“ Gastspiel im Oberrheingraben. Haie und Seekühe prägten das Unterwassertreiben.

gossen sich in die Landschaft. Ein im wahrsten Sinne des Wortes herausragendes Zeugnis dafür ist der Kaiserstuhl. Die 400 Meter über das heutige Rheinniveau in die Höhe reichende Erhebung entstand durch diesen Vulkanismus.

Die Prozesse einer unruhigen Erde sind auch heute noch im Untergrund des Oberrheingrabens aktiv. Deshalb zählt dieses Gebiet, vor allem sein Südende, auch zu den Erdbebenzonen Deutschlands.

Ein eindrucksvolles Zeugnis dafür aus geschichtlicher Zeit ist das Basler Erdbeben vom 18. Oktober 1356. Selbst in Bern und in Straßburg war es noch zu Gebäudeschäden gekommen und sogar in Frankfurt am Main und in Paris spürten die Menschen die Erdstöße. Über die historischen Beschreibungen der Schadensbilder konnte die Stärke des Bebens auf 6,7 bis 7,1 auf der Richter-Skala, was der Kategorie „Starkes Erdbeben" entspricht, rekonstruiert werden. Das Beben von Kobe in Japan 1995 hatte eine vergleichbare Stärke.

Im nördlichen Oberrheingraben gab es im Miozän keinen Vulkanismus, geologisch gesehen war Mannheim nie ein „heißes Pflaster".

Vor 10 Millionen Jahre floss ein bis zu 60 Meter breiter Fluss durch die Oberrheinebene, der heute als Ur-Rhein bezeichnet wird. Die Quellen dieses rund 400 Kilometer langen Ur-Rheins lagen zwischen Schwarzwald und Vogesen, auf der Höhe von Freiburg. Seine Nordseemündung lag in der Niederrheinischen Bucht. Das Klima zu dieser Zeit war einige Grad wärmer als heute und deutlich feuchter, aber nicht tropisch.

In den Galeriewäldern entlang der Flussufer streiften zahlreiche große Säugetiere. Dies waren z.B. hornlose Nashörner, dreizehige Urpferde, Waldantilopen und Ur-Elefanten. Eine mit vier Meter Schulterhöhe besonders imposante Erscheinung war der Hauerelefant (Deinotherium). Eindrucksvolles Kennzeichen sind seine aus dem Unterkiefer ragenden, nach unten gebogenen Stoßzähne. In den Wäldern aus Pappeln, Eichen, Ulmen, Ahorn und Sumpfzypressen tummelten sich auch Menschenaffen.

Von Alpenrhein bis Mannheim-Formation – eine Prägung im Eiszeitalter

Von einem Rheintal mit einem Flussverlauf von den Alpen bis zur Nordsee war das erdgeschichtliche Drehbuch zu dieser Zeit jedoch noch ein paar Millionen Jahre entfernt. Erst vor etwa 2,6 Millionen Jahren, zum Ende des Pliozäns bzw. zu Beginn des Quartärs (heutiges Eiszeitalter), kam es zu einer starken Hebung der Grabenschultern und zum Anschluss des heutigen Alpenrheins bzw. der Aare an das

Hauerelefanten waren vor 10 Millionen Jahren eindrucksvolle Ufergäste in den Galeriewäldern am breiten Flussbett eines Ur-Rhein.

Während der letzten Eiszeit hatte der mäandrierende Flusslauf des Rheins viel Platz in der Tiefebene.

Die obersten 30-40 m Kies- und Sandablagerungen unter der BUGA23 werden als „Mannheim-Formation“ bezeichnet. Sie umfassen rund 400.000 Jahre Klimageschichte.

Flusssystem des Ur-Rheins. Bis dahin war der Alpenabfluss über die Aare zur Donau erfolgt.

Der Wechsel von mehreren Kalt- und Warmzeiten des Eiszeitalters hatte den größten Gestaltungseinfluss auf das Rheintal und den Rheinverlauf. Der Bodensee und das Mittelrheintal entstanden in dieser Zeitphase. Auch der älteste Nachweis für die Anwesenheit des Menschen am Oberrhein fällt in das Eiszeitalter. Der Neandertalerfund von Reilingen, es handelt sich um einen 1978 in einer Kiesgrube entdeckten Schädelrest, ist bis heute der älteste direkte Nachweis für die Anwesenheit des Menschen im oberrheinischen Tiefland.

Im Oberrheingraben hatte der Rhein in dieser Zeit immer viel Platz, so dass er auch bei Mannheim stets einen breiten, mäandrierenden Flussverlauf bildete. In den Kaltzeiten mit wenig Wasser und Vegetation gab es zwischen den verflochtenen Wasserläufen größere, freie Schotter- und Sandflächen, in den Warmzeiten waren die breiteren und langsam dahinfließenden Rheinarme von Auenwäldern umsäumt.

Während der letzten 2,6 Millionen Jahre (Quartär) kam es im geologischen Untergrund des Oberrheingrabens und unter Mannheim zur Ablagerung von vielen Zehnermeter mächtigen Kies-, Sand- und Tonschichten. Zusammen mit den darin enthaltenen Skelettresten von Säugetierarten, die in den wechselnden Klimaphasen gelebt haben, stellen diese eines der wichtigsten kontinentalen Klimaarchive Europas für die jüngere Erdgeschichte dar. Die obersten, etwa 30-40 Meter mächtigen Ablagerungen im nördlichen Oberrheingraben werden in der geologischen Gliederung für das Eiszeitalter als „Mannheim-Formation“ bezeichnet. Sie umfassen einen Zeitraum von rund 400.000 Jahren mit den vier letzten Kalt- und Warmzeiten.

Die Flussablagerungen des Rheins sind heute von wirtschaftlicher Bedeutung. Zeugnis dafür sind zahlreiche aktive Kies- und Sandgruben. Hier wird in sogenannter Nassbaggerei Kies und Sand des Eiszeitalters als ein wichtiger und hochwertiger heimischer Rohstoff, z.B. für den Verkehrswegebau, die Bauindustrie oder den Landschaftsbau gewonnen. Dabei kommen auch immer wieder versteinerte Skelettreste der vergangenen Tierwelt, wichtige Zeugen der vergangenen Lebenswelten, zutage. Stillgelegte Kies- und Sandgruben sind bedeutende Naturschutz- und Erholungsgebiete bis hin zu Badeseen.

Über den Abbau von Kies- und Sand am Oberrhein kommen auch immer wieder Zahn- und Knochenreste der Tierwelt der letzten Eiszeit zu tage. Rechts ein Mammutzahnfragment und links der Oberschädel eines Steppenbisons. Es handelt sich um wichtige Archive für die Erforschung des vergangenen Klimas.

Eiszeit, Klimawandel und Mannheim - bedeutende Themen an einem einzigartigen Ort

Das Thema Eiszeit und Klimawandel ist in mehrfacher Hinsicht von großer Bedeutung für Mannheim. Es war der in Mannheim geborene Naturwissenschaftler Karl Friedrich Schimper (1803–1867), der 1837 für erdgeschichtliche Kaltphasen erstmals den Begriff „Eiszeit" prägte und wenig später die „Eiszeittheorie" bzw. die Lehre von in der jüngeren Erdgeschichte wechselnden Kalt- und Warmzeiten aufbrachte. Es war auch Schimper, der mit seinem 1843 in Mannheim erschienenen Werk „Über die Witterungsphasen der Vorwelt" die Paläoklimaforschung begründete. Die Erkenntnisse aus dieser Wissenschaft sind eine wichtige Grundlage für das Verständnis zum Klimawandel der Vergangenheit und für Zukunftsprognosen.

Eine viele tausend Tierknochenfunde umfassende Sammlung aus den Schichten der Mannheim-Formation, die Sammlung Reis aus Deidesheim, konnte 2016 über die Curt-Engelhorn-Stiftung für die Region dauerhaft

Der gebürtige Mannheimer Karl-Friedrich Schimper prägte 1837 den Begriff „Eiszeit" und begründete 1843 mit seiner in Mannheim erschienenen Schrift „Die Witterungsphasen der Vorwelt" die Paläoklimaforschung.

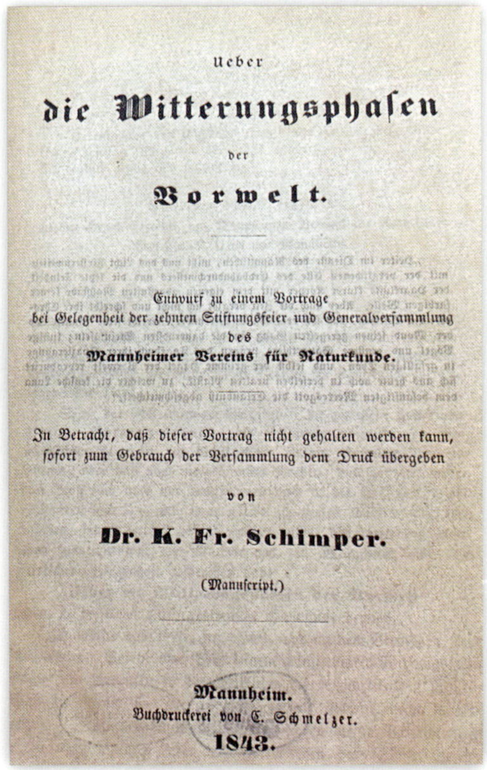

Ueber

die Witterungsphasen

der

Vorwelt.

Entwurf zu einem Vortrage
bei Gelegenheit der zehnten Stiftungsfeier und Generalversammlung
des
Mannheimer Vereins für Naturkunde.

In Betracht, daß dieser Vortrag nicht gehalten werden kann,
sofort zum Gebrauch der Versammlung dem Druck übergeben

von

Dr. K. Fr. Schimper.

(Manuscript.)

Mannheim.
Buchdruckerei von C. Schmelzer.
1843.

Mit modernsten Analysegeräten, hier ein Massenspektrometer für die Radiokarbondatierung, wird am Curt-Engelhorn-Zentrum Archäometrie an den Reiss-Engelhorn-Museen in Mannheim international vernetzte Klimaforschung betrieben.

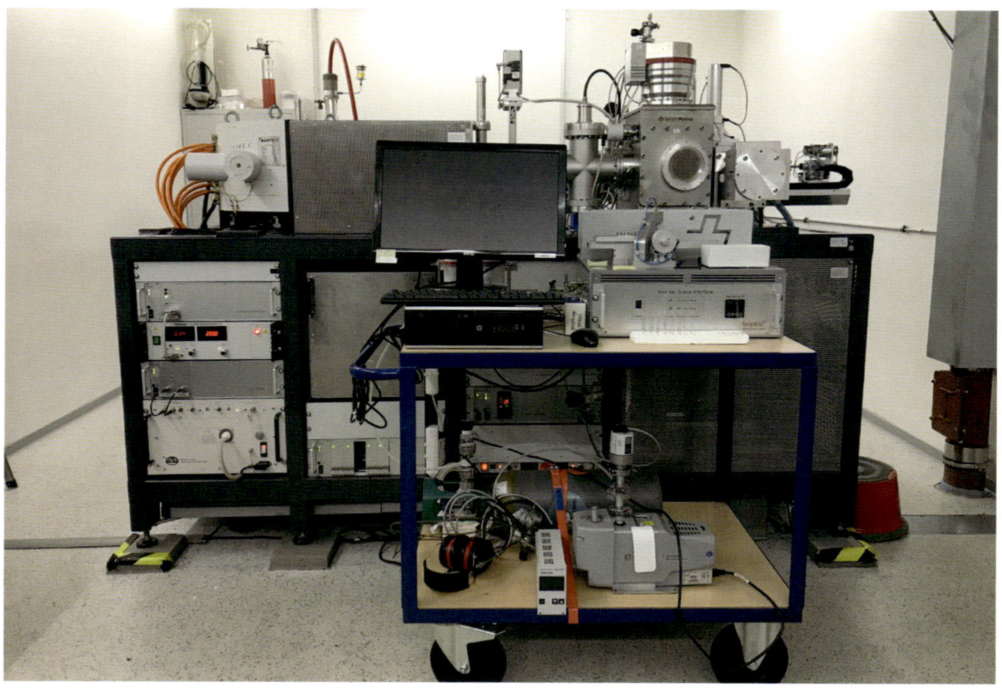

gesichert und in die Reiss-Engelhorn-Museen übernommen werden. Mit dieser Sammlung gehört Mannheim zu den zehn bedeutendsten Standorten für solche knöchernen Eiszeitarchive in Europa.

Auch die moderne Analyse dieser Funde im Rahmen eines großen, von der Klaus Tschira Stiftung Heidelberg geförderten, mehrjährigen Projektes mit dem Titel „Eiszeitfenster Oberrheingraben“ ist ein Alleinstellungsmerkmal für Mannheim, denn mit dem Curt-Engelhorn-Zentrum für Archäometrie (CEZA) an den Reiss-Engelhorn-Museen gibt es hier eines der weltweit führenden Institute für die Erforschung des vergangenen Klimas. Bedeutende Erkenntnisse für das Verständnis des globalen Klima- und Umweltwandels in Vergangenheit, Gegenwart und Zukunft werden hier gewonnen. Dies zum Beispiel über die Forschung an grönländischen Eisbohrkernen oder in Beteiligung an der weltweiten Analyse der Erdatmosphäre. Auch befindet sich im CEZA mit dem sogenannten „Hohenheimer“ Baumringkalender eines der weltweit wichtigsten kontinentalen Klimaarchive für die letzten 12.500 Jahre.

Dies alles zeigt, dass Mannheim ein einzigartiger und authentischer Ort ist, um das Thema Klimawandel in all seinen Facetten vollumfänglich und generationsübergreifend zu diskutieren sowie in vielfältigen Formen jetzt und in Zukunft zu präsentieren und zu vermitteln. Letzteres zum Beispiel über die seit 2016 international tourende, große Wanderausstellung „Eiszeit-Safari“ der Reiss-Engelhorn-Museen oder die Präsentation „Mannheim, Eiszeit, Klima und Wandel“ in der U-Halle auf der BUGA 2023.

Mammute, eine alte Erfindung und Dünen ohne Meer - Die letzte Eiszeit in Mannheim

Wenn im populären Sinne von Eiszeit die Rede ist, dann ist zumeist die letzte Kaltzeit, die Würm- oder Weichseleiszeit gemeint. Diese begann vor 116.000 Jahren und war keinesfalls eine durchgehende Kältephase mit Dauerfrost und meterhoher Schneebedeckung. In Mannheim gab es nie Gletscher. In mehrfach wechselnden Klimaabschnitten gab es Phasen mit kühleren und wärmeren Temperaturen. Sehr kalte Winter waren ebenso möglich wie Sommertage mit 25 Grad Celsius.

Vor 40.000 Jahren besiedelten z.B. Mammute und Wollnashörner die hiesige Landschaft, Höhlenlöwen gehörten zu den gefährlichsten Raubtieren und Riesenhirsche beindruckten mit ihrem Geweih. Große Herden von Steppenbisons weideten in der Tiefebene. Eine überraschende und neue Erkenntnis ist, dass zu dieser Zeit sogar noch Flusspferde in der Region heimisch waren. Erst als es vor rund 30.000 Jahren zunehmend kälter wurde, starben diese Tiere im Oberrheingraben aus.

Die kälteste Phase der letzten Kaltzeit gab es vor etwa 22.000 Jahren. Die Jahresdurchschnittstemperatur lag damals 6-7 Grad Celsius unter der heutigen.

Aus der Zeit der späten Eiszeit, es wurde langsam wieder wärmer, stammt Mannheims älteste Erfindung. Es handelt sich um ein 18.000 Jahre altes Fragment eines Schießbogens, gefertigt aus einem Kiefernholzast. Der weltweit älteste direkte Nachweis für diese Jagdwaffe.

In der späten Phase der letzten Eiszeit erhalten Mannheim und weite Teile der nördlichen Oberrheinregion eine letzte, bis heute in Teilen noch sichtbare Prägung des Naturraums aus Sand und „Staub“. Gestaltendes Element ist der Wind aus West-Südwest, welcher aus

Mannheims älteste Erfindung – ein etwa 37 cm langes Fragment eines etwa 18.000 Jahre alten Schießbogens aus einem Kiefernholzast, gefunden am Vogelstangsee.

Bei einem „BUGA-Besuch“ in der letzten Eiszeit vor 35.000 Jahren wäre es zu einer Begegnung mit Mammut und Höhlenlöwe gekommen, wie Funde aus der Region belegen.

Flugsanddecken und Binnendünen, entstanden zum Ende der letzten Eiszeit, sind bis heute prägende Landschaftselemente in der Oberrheinebene.

den trockenen Schotter- und Sandflächen des breiten, kaltzeitlichen Rheinflussbettes feinen Sand und feinen Gesteinsstaub ausweht. Der feine Sand, auch Flugsand genannt, wird wenige hundert Meter vom Flussbett entfernt auf die nächste höher gelegene Ebene (Flussterrasse) als Sanddecke wieder abgelagert. Dort, wo das länger und in größeren Mengen geschieht, kommt es zur Bildung von Sanddünen. Einige davon sind bis heute erhalten, so z.B. am Glockenbuckel, einem eiszeitlichen Dünengebiet an der Grenze von Mannheim und Viernheim. Der feinere und leichtere Gesteinsstaub wird vom Wind noch weiter transportiert und wird erst an den aufsteigenden Randhöhen des Odenwaldes abgelagert. Das sehr feinkörnige, beige-braune Sediment bildet sehr fruchtbare Böden und wird als Löß bezeichnet.

Aus Warmzeit wird Heißzeit

Vor 11.600 Jahren endete die letzte Eiszeit und die jetzige Warmzeit, auch Holozän genannt, begann. Viele der bei uns während der letzten Kaltzeit heimischen Tiere wie Mammut und Riesenhirsch starben aus. Landschaften und Lebensräume änderten sich und andere Tierarten lebten in der Region. Auch die Menschen begannen, mehr und mehr das Gebiet zu besiedeln. Mit der Landschaftsnutzung wurden diese zunehmend zum Landschafts- und Umweltgestalter und bewirkte erhebliche Veränderungen.

Seit rund 250 Jahren, mit Beginn der Industrialisierung, greift der Mensch durch CO_2-Emissionen immer stärker in das natürliche Umwelt- und Klimageschehen ein. Aus den Prozessen eines natürlichen Klimawandels ist eine Klimakrise geworden. Hierzu gilt es sofort und nachhaltig zu handeln und unseren CO_2-Ausstoß drastisch zu minimieren. Nur so können Temperatur- und Meeresspiegelanstieg und die daraus resultierenden, gravierenden Folgen für unser Dasein gestoppt werden.

Noch ist es nicht zu spät, aber jetzt müssen wir alles tun, dass aus unserer Warmzeit nicht in wenigen Jahrzehnten eine Heißzeit wird. Die BUGA23 mit ihren Präsentationen zu vielfältigen Ideen für ein besseres Morgen kann dazu einen wichtigen Beitrag leisten.

Wilfried Rosendahl

Auf dem Experimentierfeld präsentiert die BUGA23 vielfältige Ideen und Möglichkeiten, dem Klimawandel von einer Warmzeit zu einer Heißzeit entgegen zu wirken.

EINST ALLES TABU

Die Geschichte des Spinelli-Geländes

Die Nazis haben sie als „Weihnachtsgeschenk an unsere Pioniere“ bejubelt: Die Kaserne im Feudenheimer Norden, zuletzt Spinelli-Barracks der Amerikaner und nun eines der zwei Gelände der Bundesgartenschau, ist seit Dezember 1937 militärisch genutzt – und damit für die Bevölkerung lange tabu. Erst jetzt, mit der Bundesgartenschau, können die Bürger das 81 Hektar – und damit rund 115 (!) Fußballfelder – große, zuvor mit Stacheldraht eingezäunte Gelände wieder nutzen.

„Mit klingendem Spiel“ ziehen im Dezember 1937 die zuvor nur provisorisch untergebrachten Soldaten des neu aufgestellten Pionierbataillons 33 in die Kaserne ein. Aus dieser Zeit stammen die fünf Blocks entlang des Wingertsbuckels, einer davon die ehemalige Kommandantur und heute Sitz der Bundesgartenschau-Gesellschaft, sowie die frühere Reit- und dann Sporthalle. In nur elf Monaten Bauzeit ist die Kaserne entstanden. Sie umfasst zunächst aber nur 13,1 Hektar.

Als die Amerikaner das Gelände nach dem Zweiten Weltkrieg gleich 1945 beschlagnahmen, erweitern sie es nach Norden, nehmen den Bauern noch zahlreiche Felder ab. Viele Gebäude bekommen eine neue Nutzung, die allein 1160 Quadratmeter große Reithalle wird Sporthalle und Kino, der Stall ein Einkaufsmarkt, eine frühere Scheune und ein alter Stall zur Kapelle für die US-Soldaten. Aber noch heute liegt teilweise das alte Kopfsteinpflaster aus den 1930er Jahren, es gibt eine herrliche alte Rosskastanienallee und den Appellplatz mit dem von den Amerikanern nachts per Scheinwerfer angestrahlten Fahnenmast, an dem viele Jahrzehnte jeden Morgen – zu Trompetensignalen – das Sternenbanner hochgezogen wurde und heute die BUGA-Flagge weht.

Die Amerikaner sorgen lange dafür, dass die alten Wehrmachts-Gebäude in einem Top-Zustand bleiben. Zuletzt werden sie 2008/09 saniert. In den Unterkunftsgebäuden leben Unteroffiziere, für je zwei gibt es geräumige Schlafräume, gemeinsam eine Kochnische und einen Sanitärbereich. Höhere Dienstgrade haben ein Mini-Appartement mit eigenem Sanitärbereich, Küchenzeile, und sogar begehbarem Kleiderschrank.

Mehrfach wird die Kaserne erweitert. 1959 erreicht sie fast die heutige Fläche, 1970 werden noch ein paar weitere Grundstücke beschlagnahmt. Hauptsächlich ist hier das 28. Transportbataillon stationiert, eine wichtige Versorgungseinheit mit Transportaufgaben in ganz Europa. Hinzu kommt ein Bataillon der Combat Equipment Group Europe, zuständig für Wartung und Lagerung der Kampfausrüstung jener Soldaten, die im Kriegsfall aus den Vereinigten Staaten nach Europa eingeflogen werden – „Big Lift“ nennen die Militärs diese Pläne.

75 kleinere und größere Gebäude verteilen sich auf dem Gelände. Dazu kommen viele

Freiflächen, wo – dicht an dicht – Lkw, Tanklaster, Jeeps und Panzerfahrzeuge stehen. Von hier – und dann über den Rheinauhafen nach Rotterdam – geht viel Gerät zum ersten Golfkrieg und nach Afghanistan. Passanten können beobachten, wie unter freiem Himmel die Fahrzeuge umgespritzt werden – von mitteleuropäischer Fleckentarnung in Wüstenfarbe.

In der Hochzeit des Kalten Krieges sind bis zu 1350 Menschen – darunter mehr als 1000 Soldaten – auf Spinelli stationiert, 300 wohnen auch hier. Es gibt eine eigene Feuerwache, eine eigene Rettungsleitstelle und eine Sanitätsabteilung sowie eine Feldposteinheit.

Letztlich ist Spinelli das größte und wichtigste Logistik- und Lagerzentrum für die US-Armee in ganz Europa. 27 Kilometer umfasst das Straßen- und Wegenetz auf dem Areal, 3,7 Kilometer das Eisenbahnnetz. Herzstück ist die sogenannte „U-Halle", ein 350 Meter langer Güterbahnhof, bei dem zwischen den beiden Schenkeln des Gebäudes die Gleise einer speziellen Bahnlinie verlaufen – eine Abzweigung der Östlichen Riedbahn. Wöchentlich, manchmal täglich kommen da bis in die 2000er Jahre Güterzüge. Sie bringen alles, was Soldaten brauchen – Nachschub an Stiefeln, Computern, Verpflegung, Helmen, Waffen, Munition, einfach alles.

Die „U-Halle", alleine über 20 000 Quadratmeter groß, ist teilweise schon 1943 von der Wehrmacht gebaut, in den 1950er Jahren dann von den Amerikanern erweitert worden. Dazu gibt es zahlreiche kleinere Wartungs- und Lagerhallen aus Wehrmachtszeiten sowie 20 jeweils 1200 Quadratmeter große Hallen – teilweise mit Anschluss an Heizung, Frischwasser, Abwasser und Strom – von 1950.

Von 1971 stammen die elf sogenannten „Blechhallen“, alle 3600 Quadratmeter groß, nicht geheizt und isoliert, umgeben von offenen Gräben für das Regenwasser.

Hier stehen lange, dicht an dicht, Fahrzeuge und Kampfpanzer auf Betonboden, darunter über 100 hochmoderne M 1 Abrams. Die Luftfeuchtigkeit wird reguliert, damit das Gerät nicht rostet. Es ist die Ausstattung einer kompletten Brigade, sprich 5500 Mann, die im Kriegsfall aus Amerika eingeflogen worden wären. In den Manövern mit dem Titel „Refroger“ („Return Forces to Germany“) wird das regelmäßig geübt.

Die stählernen Hallen mit nur wenigen Stützsäulen werden beim Bau aus Geldern der NATO finanziert, die Fahrzeuge müssen ständig startbereit sein. Daher werden sie auch immer wieder auf den betonierten Wegen Probe gefahren oder sie stehen da mit laufenden Motoren, was die Anwohner der Wachenheimer Straße noch zu gut wissen. Aber die Panzer seien nicht aufmunitioniert gewesen, versichern die Amerikaner immer wieder – im Gegensatz zu denen, die etwa in Coleman in Sandhofen und in Käfertal stationiert waren. Doch die Munition lagert auch in Spinelli, in Regalen und Gitterboxen.

Noch 1988 baut die NATO einen modernen Komplex zur ständigen Wartung des Geräts, 1997 wird noch eine Lagerhalle errichtet. Sogar eine Panzerwaschanlage gibt es hier, wo Wasserkanonen mit hohem Druck von sieben bar den Dreck von den Kettenfahrzeugen entfernen.

2010/11 ziehen die meisten Soldaten aus, Ende Januar 2014 wird die Kaserne an den Bund übergeben. Aber erst am 18. Februar 2019 geben Oberbürgermeister Peter Kurz, der Projektleiter der Bundesanstalt für Immobilienaufgaben (BImA) Michael Scharf und Bundesgartenschau-Geschäftsführer Michael

Schnellbach mit einem symbolischen ersten Hammerschlag den Startschuss für den Abriss der vielen Hallen und die Entsiegelung des Gebäudes – und das kann auch erst im Westteil losgehen. Denn erst Anfang April 2020 unterzeichnet die Bundesanstalt für Immobilienaufgaben den Kaufvertrag für ihre Flächen mit der Stadt Mannheim und den beiden kommunalen Unternehmen MWSP und GBG – Mannheimer Wohnungsbaugesellschaft. Dazwischen nämlich, von Oktober 2015 bis März 2020, sind die ehemaligen Kasernenblocks und auch viele der Lagerhallen mit Flüchtlingen belegt. Das verzögert den Beginn der Bauarbeiten für die Bundesgartenschau.

Peter W. Ragge

Benannt wurde die Kaserne 1948 nach dem Gefreiten Dominic V. Spinelli. Er stammte aus einer italoamerikanischen Familie, wurde 1923 in Hamilton/Ohio geboren, besuchte die Medical School der University of Missouri in Columbia und wollte Arzt werden. Aber im September 1944 musste er in die Armee. Als einfacher Gefreiter versah er im 398. US-Infanterie-Regiment Sanitätsdienst. Am 14. April 1945 wurde der 22-Jährige in der Nähe der württembergischen Gemeinde Willsbach (Kreis Heilbronn) bei heftigen Kämpfen mit Resten der Wehrmacht tödlich von Kugeln getroffen, als er versuchte, vier verwundete Landsleute aus der Feuerlinie zu retten.

Im Juli 1962 erfolgte noch eine posthume Ehrung des Sanitäters. In Anwesenheit einer Ehrenformation der Bundeswehr sowie einiger eigens eingeflogener Familienangehöriger wurde die auf einem Granitblock angebrachte Bronzetafel enthüllt, die den Text trug: „In Memoriam Dominic Spinelli – 1923 bis 1945." Darunter stand in italienischer, englischer und deutscher Sprache das Dante-Wort: „In seinem Willen ist unser Friede." Ehe sie abgezogen sind, haben die Amerikaner die Gedenktafel abmontiert und in ihren Stützpunkt Kaiserslautern mitgenommen.

Im Frühjahr 2021 hat die Stadt den zentralen Platz „Spinelli-Platz" genannt. So soll weiter an den Sanitätssoldaten erinnert werden.

Peter W. Ragge

KEIN X FÜR EIN U

Es lebe die Abkürzung! „BUGA“ für „Bundesgartenschau“, da ist der Weg nicht weit. Aber die Kurzform „U-Halle“ als Name für den prägenden Bau mitten auf Spinelli? Steht U für unbekannt, für Unterhaltung, für undercover als Überrest der strengen Militärabschottung, für Umschlagsplatz, wofür also? Lassen Sie sich kein X für ein U vormachen: U-Halle ist ganz einfach nur der technische Name, abgeleitet vom Grundriss dieser Riesenhalle.

Ein ehemaliger Sackbahnhof für Güterzüge. Mit früher 21.000 Quadratmetern überdachter Fläche eine der größten Anlagen dieser Art in Deutschland. Ausgerechnet dieser alte Umschlagsplatz und Lagerort für militärischen Nachschub ist Kernstück des Spinelliparks. Aus grauer Tarnfarben-Vergangenheit in eine bunte Zukunft.

Tatsächlich sind viel Licht und Helligkeit eingezogen, seit weite Teile des Daches abgenommen und die tragenden Teile sichtbar gemacht wurden. Für unterbelichtet steht U also auch nicht. Es passt in die durchgängige Gesamtidee, vorhandene Gebäude zu nutzen, ihre Vergangenheit nicht zu leugnen und gleichzeitig neue Iden einziehen zu lassen.

So gigantisch die Ausmaße, so herausfordernd die Aufgabe, eine solche Immobilie nicht nur zu füllen, sondern gestalterisch zu nutzen. Allein die beiden Längsachsen ergeben jeweils beinahe vier Fußballfelder hintereinander. Dazu kommt der Platz, umschlossen vom U, zu Kasernenzeiten zugedrückt von Schienen. Luftige Weite kann man jetzt dort spüren am Rande von kleinen, flachen Wasserflächen, ein schier endloser Innenhof, an drei Seiten schützend eingerahmt.

Aber keine Angst, Leerstände gibt es nicht. Zwei Blumenhallen, die exzellente Eiszeit-Ausstellung der Reiss-Engelhorn-Museen, Beiträge der Staatlichen Schlösser und Gärten Baden-Württemberg, der Auftritt der Stadt Mannheim, dazu Studios und andere Arbeitsplätzte für Medien, Gastronomie mit und ohne Dach, das alles braucht Platz. Wo die Sonne draußen bleiben muss, nützt sie dennoch und lässt sich von einer 6.700 Quadratmeter großen Photovoltaik-Anlage einfangen. Mannheims größte Power-Bank im Park.

Fehlt noch das U für unbeliebt. Das war die Halle von Anfang an bei den Experten, die alle Hindernisse für kühlende Fallwinde aus dem Odenwald Richtung Westen beseitigen wollen. Die U-Halle ist so ein Hindernis und muss bis auf wenige Reste nach der BUGA verschwinden. Die Debatte darüber, was und wieviel wirklich stehen bleiben darf, läuft. Vielleicht 6.000 Quadratmeter, kaum ein Drittel des alten Bestandes. Da muss man sich kein X für ein U vormachen lassen.

Gerhard Mandel

Ein junger Zeitzeuge

Der Spinelli-Park dokumentiert nicht nur einen Ort der Nachkriegsgeschichte und seine Veränderung nach Heute. Ein 500 Quadratmeter großer Holzbau zeigt eine andere Gegenwart: 2015/16 waren Tausende Menschen auf Spinelli untergebracht, die vor dem Krieg in der Heimat davongelaufen sind. Erster Stopp in der neuen Heimat ausgerechnet ein Militärgelände. Was kann daraus werden? Ein Holzgebäude, das Studierende der TU Kaiserslautern sich ausgedacht und zusammen mit den Geflüchteten erstellt haben. Für die einen ein Studienabschluss, für die anderen eine sinnvolle Beschäftigung in ungewisser Wartezeit auf Entscheid über Bleiben dürfen oder Gehen müssen. Gelungen befand 2016 die Jury des „Ralph Eskine Awards“, lobte 10.000 Euro Preisgeld aus, die mit Schwedens Königin Silvia eine aus der Kurpfalz stammende Heidelbergerin überreichte. Das zwischendurch leer stehende Gebäude gibt jetzt während der BUGA Kunst und Kultur eine nachhaltige Heimat.

Gerhard Mandel

DAS HEIMLICHE MASKOTTCHEN

Für die BUGA23 gibt es keine Symbolfigur, kein Maskottchen, bei dem man sofort an genau diese Bundesgartenschau denkt. Leider. Ist das der Mut zur Lücke, oder eben doch tatsächlich eine Lücke? Ganz offenbar hat bei den BUGA-Machern kein Vorschlag so überzeugend gewirkt, als dass man sofort hätte zugreifen wollen.

Wer oder was sollte als Sympathieträger die Idee der zweiten Mannheimer Bundesgartenschau nach innen und außen gleichermaßen glaubhaft darstellen? Sind die alten Fußstapfen aus 1975 zu groß? Wenn man an eine personalisierte Lösung denkt, schon.

Dem von Loriot stilisiert gezeichneten „Jäger aus Kurpfalz“, aus dessen Gewehr statt einer Kugel eine Blüte erwächst, hat Fred Reibold eine wirklich lebende Gestalt gegeben, für Jahrzehnte weit über die BUGA 75 und weit über Mannheim hinaus. Er hat aus einer historischen Figur seine persönliche Marke gemacht. Der Jäger war nur er. Das kann man nicht, das darf man nicht kopieren.

Wenn also keine Person, wäre ein Tier, eine Pflanze geeignet, den neuen Mannheimer BUGA-Gedanken zu transportieren? Eine Antwort findet man schon längst in unzähligen Exemplaren und Variationen im Spinellipark. Vielleicht liegt es an dieser täglichen Begegnung, dass man die **Distel** als nichts Besonderes gesehen und als normale BUGA-Pflanze nicht wichtig genug eingestuft hat, um daraus einen Wiedererkennungswert abzuleiten. Dabei hatte es die farbenfrohe Darstellung einer Distelblüte zu Beginn der Kampagne auf Werbeblätter der BUGA23 geschafft und ist bis heute zu sehen. Aber zur „Beförderung“ zum offiziellen BUGA-Signet hat es nicht gereicht.

Dabei könnte die Distel so viele Anknüpfungspunkte liefern:

Distel steht für Blüte in der Idealfigur Kugel, aber auch für Stacheln. Anschauen ja, aber anfassen nur mit ganz spitzen Fingern. Vorsicht! Wie ähnlich sind sich Distel und Anfänge der BUGA-Idee in Mannheim. Mit mehr als großer Vorsicht hat sich ein Teil der Bevölkerung der BUGA23 langsam genähert, Eiferer wollten dieses Pflänzchen erst gar nicht groß werden lassen, besser ausreißen. Inzwischen wurde aus Ablehnung kritisches Interesse, dann Neugierde, zunehmend Vorfreude. Wie bei der Distel. Nur vom Windstoß erst einmal ausgesäht, zeigt sie, was sie kann. Da genügt ein vergleichsweise karger Boden, um ungezählte Nachkommen sprießen zu lassen. Da bietet sich die Blüte als Nahrungsspender für Insekten an – und das ganz ohne Pflege, Dünger und Bewässerung. Ein Fingerzeig für das Gelände zwischen Feudenheim und Käfertal-Süd in der Nach-BUGA-Zeit?

Bestimmt werden Bilder von vielen Profi- und Hobby-Fotografen die Distel zum Thema haben. Attraktiv genug dafür ist sie allemal. Das Ende vom heimlichen Maskottchen.

Gerhard Mandel

DIE TIER- UND PFLANZENWELT

des weitgehend natürlich belassenen Bereichs der BUGA23 auf Spinelli

Beispiel guter Tarnung: Blauflügelige Ödlandschrecke (Oedipoda caerulescens) in Ruhestellung

Bruchsteinhaufen und Totholzhügel zur Förderung der Eidechsenpopulation

Nachdem 2013 das amerikanische Militär vom Spinelli-Gelände abgezogen war, wurde fast der ganze Bereich geräumt, die meisten Gebäude abgerissen und der Boden eingeebnet. Ausgenommen von diesen Aktivitäten wurde ein unbebauter Bereich westlich der Kastanienallee, sandig-steiniges Ödland, dessen Boden vom Befahren mit schweren Fahrzeugen stark verdichtet war. Das Erdreich ist auf dieser Fläche nicht mehr der ursprünglich sandige Untergrund des Neckarhochgestades. Die Amerikaner haben den ursprünglich sandigen Untergrund durch Kies- und Split-Aufschüttungen für ihre Fahrzeuge stabilisiert, was zu einer Abmagerung des ohnehin schon mageren Sandbodens geführt hat. Im Lauf von Jahrzehnten hatte sich eine kurzrasige Vegetation entwickelt, aufgelockert durch Gebüschreihen und einzelne Sträucher. Während der Planungen zur BUGA 23 wurde dieser magere Geländebereich dazu ausersehen, als natürlich gewachsener Lebensraum einerseits einen Kontrapunkt zu den gärtnerisch gestalteten Blumenbeeten darzustellen, andererseits als Ausweichlebensraum zu wirken, vor allem für die stark gefährdete Haubenlerche als auch für viele Arten von Wildbienen, die auf dem Spinelli-Gelände überall zwischen den Baracken und Häusern der Amerikaner zum Teil starke Populationen entwickelt hatten, die jetzt den Aktivitäten der Gärtner zum Opfer fielen.

Ganz natürlich belassen wurde aber auch dieser Bereich nicht, denn zur Förderung der Eidechsenpopulation errichtete man Steinpyramiden und legte breite Schotterstreifen an, bestehend aus etwa faustgroßen Bruchsteinen.

Zudem wurden Totholzhaufen, ebenfalls zur Eidechsenförderung, errichtet.

Vor allem die Steinpyramiden mit ihren senkrecht zur Sonneneinstrahlung stehenden Flächen sind optimale, warme Ruheplätze und auch die Holzhaufen werden gut angenommen. Die Tiere können beim Auftauchen eines Feindes blitzartig im Inneren verschwinden. Es handelt sich hierbei um Mauereidechsen, eine bei uns stark bedrohte Art, die noch vor 30 Jahren in Mannheim eine Seltenheit war. Da Mauereidechsen auch gerne von Liebhabern gehalten werden, vor allem die farbenprächtigeren südeuropäischen Unterarten, und immer wieder gezüchtete Tiere ausgesetzt wurden, ist die Mannheimer Population heute eine Mischung mehrerer südeuropäischer Unterarten, die sich durch mehr oder weniger deutliche Grünfärbung auszeichnen, während die heimische Unterart kein Grün aufweist.

Ackerkratzdistel (Cirsium arvense) mit Ackerhummel (Bombus pascuorum)

Mauereidechse (Podarcis muralis) Weibchen (?)

Mauereidechse (Podarcis muralis) Männchen einer mediterranen Unterart

Junger Götterbaum (Ailanthus altissimus) mit Wurzelbrut

Sucht man nach weiteren Wirbeltieren, dann lassen sich Mäuse anhand ihrer Bauten nachweisen sowie Feldhasen, die die sowieso schon magere Vegetation durch Verbiss, vor allem der wilden Möhre, noch mehr einkürzen. Ob das geplante Angebot an Lebensraum für die bedrohte Haubenlerche von dieser angenommen wird, muss die Zukunft weisen. Aber andere Vogelarten, auf die hier nicht näher eingegangen werden soll, besiedeln vor allem die Heckenbereiche.

Während die Eidechsenpopulation auch in anderen Mannheimer Regionen ähnliche Verhältnisse aufweist wie auf Spinelli, bringt ein Spaziergang durch unser „Naturgebiet“ mit Blick auf die Vegetation und die wirbellose Tierwelt interessante Aspekte zutage.

Die Pflanzenwelt zeichnet sich durch eine Vielfalt an Neophyten aus. Der Götterbaum mit seiner Wurzelbrut stammt, wie auch der

Schmalblättriges Greiskraut (Senecio inaequidens) mit Samenständen

Feldhase (Lepus europaeus) schleicht sich durch das Gelände

Sparrige Flockenblume (Centaurea diffusa) mit ihren zarten Blüten

Maulbeerbaum, aus Ostasien, die Douglasie aus Nordamerika. Das schmalblättrige Kreuzkraut, wegen seiner Samenstände, die wie ein weißhaariges Greisenhaupt aussehen, auch Greiskraut genannt, wurde erst in den 80er Jahren aus Südafrika bei uns eingeschleppt, und die Sparrige Flockenblume stammt aus Südosteuropa. Auch der echte Wermut hat seine Heimat im Mittelmeergebiet. Das hier herrschende Klima mit trockenen Böden und viel Sonne sagt ihm aber zu.

Die Steinbrech-Felsennelke ist ursprünglich in Südeuropa beheimatet, wurde aber auch in Baden-Württemberg immer wieder mal nachgewiesen, sie gilt derzeit aber als verschollen. Auf Spinelli bildet sie auf dem kargen Boden einen festen Bestand, der auch von Insekten wie Wildbienen, Schmetterlingen und Fliegen zur Nahrungsaufnahme aufgesucht wird. Auf dem Foto versorgt sich eine Blutbiene an den Blüten mit Nektar.

Steinbrech-Felsennelke (Petrorhagia saxifraga) mit Blutbiene (Sphecodes sp.)

Großer Blaupfeil (Orthetrum cancellatum), Weibchen, auf Fruchtstand des Johanniskrauts (Hypericum perforatum)

Die Blutbienen sind Kuckucksbienen, das heißt, dass sie ihre Brut nicht selber versorgen, sondern je ein Ei in eine fremde Brutzelle legen, nachdem sie das zugehörige Ei oder die Larve umgebracht haben. Die geschlüpfte Larve ernährt sich dann von dem vorhandenen Nahrungsbrei, der eigentlich für eine andere Wildbienenlarve gedacht war.

Unter den heimischen Pflanzen auf dem Trockenrasen verwandelt der Kleine Sauerampfer im Sommer ganze Flächen in rote Blütenteppiche. Diese zierlichen Pflänzchen stellen zudem die Nahrungsgrundlage für eine Vielzahl von Schmetterlingen bereit, deren Raupen zu ihrer Entwicklung den Kleinen Sauerampfer als Futter brauchen. Und zwischendrin wächst aus einer Blattrosette der Kleine Wiesenknopf hervor mit seinen eigenartigen Blütenköpfchen. Dieser Kleine Wiesenknopf hat es als Pimpinelle in der Frankfurter Soße bis in die Küche der Spitzenköche geschafft.

Echtes Leinkraut (Linaria vulgaris) im Schotterbett der Bahngleise

Natternkopf (Echium vulgare)

Ackerkratzdistel (Cirsium arvense) mit Holzbiene (Xylocopa violacea)

Reizvoll ist das Leinkraut mit seinen gelben Löwenmaulblüten, wenn es sich im Gleiskörper der Bahn durch den Schotter durchgearbeitet hat.

An manchen Stellen ist der Boden nicht ganz so verdichtet und abgemagert, so dass sich auch Ruderalflora entwickeln kann mit dem Natternkopf als typischem Vertreter. Seine leuchtend blauen Blüten werden eifrig vor allem von Wild- und Honigbienen besucht. Auch die Kratzdistel, die sich hier ansiedeln konnte, ist eine gute Bienenweide und wird gerne von der wegen ihrer Größe auffallenden Holzbiene angeflogen.

Eine auffallende Pflanze wegen ihrer stachelspitzigen Blätter ist der Mannstreu, der in seiner Blütezeit von den unterschiedlichsten Insekten aufgesucht wird. Geht man dem Ursprung des Namens nach, dann zeigt sich, dass diese Pflanze mit Männertreue sicherlich nichts zu tun hat. Eine Deutung des Namens besagt, dass vermutlich die Mann-Streu der Ursprung ist. Die ehelich vernachlässigte Bauersfrau legte ihrem Mann als Einstreu Teile dieser Pflanze unters Bettlaken oder in den Strohsack. Wenn abends der Bauer todmüde ins Bett fiel, brachte ihn die stachelige Pflanze umgehend wieder auf die Beine und machte ihn aktiv.

Für die Insektenwelt ist der blühende Mannstreu aber eine unerschöpfliche Nahrungsquelle. Er wird besucht von Wildbienen, Wespen, Schmetterlingen, verschiedenen Fliegenarten, und sogar Wanzen trifft man auf ihm an. Als Besonderheit hat sich hier der Stahlblaue Grillenjäger eingefunden, eine Grabwespenart, die erst vor wenigen Jahren aus Mexico bei uns eingeschleppt wurde und ihre Brut mit gelähmten Grillen und Laubheuschrecken versorgt. Ein weiterer Besucher der Mannstreublüten ist eine Zylinderfliege, die ihren Namen wegen des zylindrischen Hinter-

Stahlblauer Grillenjäger (Isodontia mexicana) auf Blüten des Mannstreu (Eryngium campestre)

Heuschrecken-Sandwespe (Sphex funerarius) auf Mannstreu (Eryngium campestre)

Braune Gottesanbeterin (Mantis religiosa)

Grüne Gottesanbeterin (Mantis religiosa)

Kreiselwespe (Bembix rostrata) auf der Blüte einer Skabiose (Scabiosa sp.)

Krabbenspinne (Thomisidae) mit Feldwespe (Polistes dominulus) als Beute auf dem Blütenteller der Wilden Möhre (Daucus carota)

Samenstand der Wilden Möhre (Daucus carota) mit Streifenwanze (Graphosoma lineata)

leibs bekommen hat. Ihre Larven entwickeln sich parasitisch in Baumwanzen, weswegen sie auch als Wanzenfliege bekannt ist.
Fangschrecken wie die erst in jüngster Zeit eingewanderte Gottesanbeterin haben aber kein Interesse an Blütenbesuchen, sie sind reine Fleischfresser, die von Insekten, vorwiegend von Heuschrecken, leben. Die gibt es hier reichlich. Auffallend ist besonders die Blauflügelige Ödlandschrecke, die auf dem steinigen Boden sehr gut getarnt ist. Nur im Flug lässt sie ihre leuchtend blauen Flügel sehen.

Eine der häufigsten Pflanzen ist die Wilde Möhre, die mit ihren weißen Blütentellern viele Insekten anlockt. Aber auch Krabbenspinnen nutzen die Blütenteller, indem sie dort auf anfliegende Insekten als Beute warten. Dabei werden auch viel größere Beutetiere wie Honigbienen und Wespen überwältigt und ausgesaugt.

Die wilde Möhre lockt aber nicht nur Blütenbesucher an, sondern auch die auf Doldengewächse spezialisierte Streifenwanze, die ursprünglich im Mittelmeergebiet beheimatet war und von dort aus bei uns eingewandert ist. Und nicht zuletzt ist der oberirdische Teil der Pflanze offenbar die Hauptnahrung der Feldhasen, wie man an den vielen abgebissenen Stengelstümpfen erkennen kann.

Eine ähnliche Wuchshöhe wie die Möhre erreicht eine andere bemerkenswerte Pflanze, eine nicht sicher bestimmbare Skabiosen-Art, vermutlich Duftskabiose oder Taubenskabiose. Die duftenden Blüten ziehen viele verschiedene Insekten an, wobei die besonders geschützte Kreiselwespe ein seltener Blütengast ist. Während das fertige Insekt Blütenbesucher ist, werden die Larven mit durch einen Stich gelähmten Fliegen versorgt, die die Wespe in die Neströhre im Boden einträgt.

Unter den Schmetterlingen sind es vor allem die Bläulinge, das Männchen blau, das

Paarungsspiel der Bläulinge (Lycaena sp.), braunes Weibchen links

Postillion oder Goldene 8 (Colias hyale) Namengebende 8 auf dem Hinterflügel

Zinnobertramete (Pycnoporus cinnabarius) auf totem Kirschholz

Weibchen braun, die man beim Paarungsspiel und bei der Paarung beobachten kann. Noch auffallender ist der größere Postillion oder Goldene Acht, deren Raupe von der nördlich der Bahngeleise verbreiteten Luzerne lebt. Sie ist ein Wanderfalter, der erst Ende Mai aus seinem südeuropäischen Verbreitungsgebiet bei uns einwandert. Auch Eulenfalter sind verbreitet, obwohl man sie bei Tag kaum zu Gesicht bekommt. Jedoch weist das häufige Vorkommen der braunen Hottentottenfliege auf die Eulenfalter hin, da die Larven der Fliege sich parasitisch in Eulenraupen entwickeln.

Neben der Tier- und Pflanzenwelt lassen sich auch einige Pilzarten finden. Im Holz der Totholzhügel haben sich holzzersetzende Pilze angesiedelt wie beispielsweise die farblich auf-

Scherbenbrauner Nabeling (Omphalina pyxidata), mit Moosen vergesellschaftet

fallende Zinnobertramete und auf den kurzrasigen Flächen wächst der Scherbenbraune Nabeling, wegen seiner Seltenheit eine Rote-Liste-Art. Wenn bestimmte Pilze mit bestimmten Algen eine Symbiose eingehen, dann entstehen dadurch Flechten, von denen es auf dem beschriebenen Gelände viele gibt. Achtet man auch auf unscheinbare Dinge, dann werden dem Besucher am Boden und an den Zweigen im Gebüsch die Flechten nicht entgehen, die Rentierflechten, Becherflechten und die hellgelben Gelbflechten, vergesellschaftet mit den hellgrauen Blasenflechten.

Eine Insektengruppe konnte man vor Ort nicht erwarten, da es auf Spinelli noch kein Gewässer gibt: Und trotzdem waren immer wieder Libellen beim Jagdflug zu beobachten. Sie stammten vermutlich aus den Gartenteichen in der Feudenheimer Au. Da sie gute Flieger sind, können sie das Spinelli-Gelände problemlos als Jagdgebiet nutzen.

Das hier beschriebene Gelände, das sich in Jahrzehnten ohne gärtnerische Eingriffe entwickeln konnte, macht auf den Laien im ersten Moment keinen großen Eindruck. Bei einem Spaziergang durch das Gebiet bietet sich dem Fachmann aber eine beeindruckende Vielschichtigkeit an Pflanzen, Tieren und Pilzen, die der Naturfreund im gärtnerisch gestalteten Teil der BUGA23 vermissen wird, auch wenn dieser sehr viel mehr ins Auge fällt. Der kultivierte Bereich ist zwar nicht als „Eintagsfliege", sondern als „Einsommerfliege" geplant und wird danach wieder abgebaut, aber das hier beschriebene Gelände soll dauerhaft als biologisches Kleinod erhalten bleiben, und man darf gespannt sein, wie es sich nach der BUGA23 bei vernünftiger Pflege weiterentwickeln wird.

Gerhard Rietschel

Gelbflechte (Xanthoria parietina) und Blasenflechte (Hypogymnia physodes), grau, auf einem Totholz-Zweig

Bodenbewohnende Becherflechte (Cladonia sp.)

Flächendeckendes Lager einer Laubflechte, in der Mitte die aufrechten Stiele einer Cladonie (Cladonia sp.), rechts die Blattrosette einer Skabiose (Scabiosa sp.)

Männliche Heidelibelle (Sympetrum sp.)

Aus Heizzentrale wird hot spot

Wo früher tonnenweise Schweröl als Heizungsenergie verbrannt wurde, gibt es jetzt heiße Infos am laufenden Band. Die alte Heizzentrale ist Heimat für den „i-Punkt Grün“ mit Workshops, Vorträgen, für alles rund ums Grün mit wertvollen Tipps vom Pflanzendoktor.

DER ZAUN UM TANKSTELLE UND HAUSNUMMERN

Letztes Bier vor der Autobahn, sagt manchmal ein Werbeschild vor einer Ortsausfahrt. Vor dem Haupteingang Spinelli passieren die Besucher die tatsächlich letzte Tankstelle und eine im übertragenen Sinn. Wo Militär-Fahrzeuge befüllt wurden, bietet heute eine Erfrischungsstation Getränke für Gäste an. Mit Originalbeschriftung und im Erscheinungsbild aus Kasernenzeiten.

Der Zaun um das Spinelligelände ist etwa 4,3 Kilometer lang, durchwoben von Sichtschutz und nach oben gesichert durch Stacheldraht. Keine Schönheit, eher Abschreckung. Gleichermaßen im historischen Zustand wie die Nummern an Gebäuden, im Wortsinn die Hausnummern aus US-Zeiten. Beispiele, wo der Betrachter die Geschichte des Geländes mehr als nur zur Kenntnis nehmen soll. Man darf sie nicht verleugnen durch Weglassen oder Entfernen. Auch die meisten Wege zwischen den Anlagen zeigen sich wie vor Jahren, repariert zwar, aber nicht wegrasiert. Diese Nutzung vorhandener Strukturen ist keine Sparmaßnahme, wenngleich sie Geld spart. Nachhaltigkeit fängt im Kleinen an, kann 4,3 Kilometer lang sein und auch noch den aktuellen Zweck erfüllen.

Gerhard Mandel

1536

No Smoking
within 50 Feet
Rauchen verboten
im Umkreis von 15 m

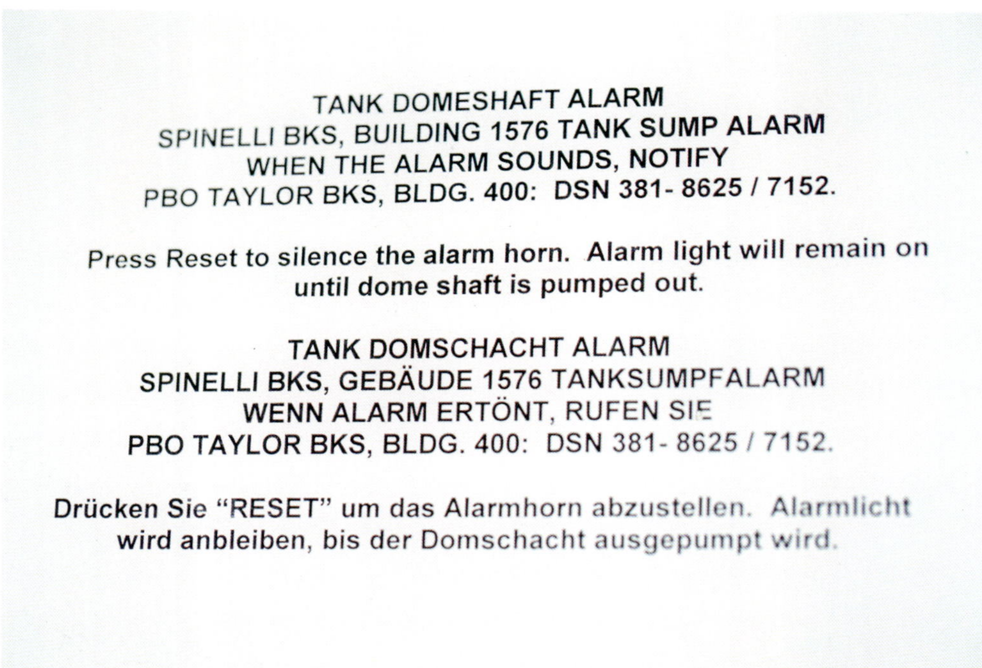
TANK DOMESHAFT ALARM
SPINELLI BKS, BUILDING 1576 TANK SUMP ALARM
WHEN THE ALARM SOUNDS, NOTIFY
PBO TAYLOR BKS, BLDG. 400: DSN 381- 8625 / 7152.
Press Reset to silence the alarm horn. Alarm light will remain on
until dome shaft is pumped out.
TANK DOMSCHACHT ALARM
SPINELLI BKS, GEBÄUDE 1576 TANKSUMPFALARM
WENN ALARM ERTÖNT, RUFEN SIE
PBO TAYLOR BKS, BLDG. 400: DSN 381- 8625 / 7152.
Drücken Sie "RESET" um das Alarmhorn abzustellen. Alarmlicht
wird anbleiben, bis der Domschacht ausgepumpt wird.

4,5m
within 50 Feet
Rauchen verboten
im Umkreis von 15 m

EIN STEG KANN EINE BRÜCKE SEIN

Über das Leben der legendären Mannheimer Sängerin Joy Flemming präsentiert das Ensemble des Mannheimer Eventhauses „Capitol“ ein eigens für das BUGA-Publikum komponiertes Musical. Titel dieser Exklusiv-Produktion ist der zum Hit gewordene Song „Ein Lied kann eine Brücke sein“ vor. Verbal leicht abgewandelt schlägt dieses Lied die Brücke zum „Panoramasteg“ an den äußersten Westrand von Spinelli. In der späteren Nachnutzung wird der Steg nämlich zur Brücke, zur Brücke über die heiß diskutierte Straße „Am Aubuckel“.

Als einziger wirklicher Neubau ist der Steg eine Art Landmarke: In einem Zick-Zack-Kurs endet er während der BUGA-Monate auf einer Plattform in elf Metern Höhe über dem neuen Augewässer. Unterwegs dorthin entsteht das Gefühl, fast zu schweben. Freier Blick über Spinelli Richtung Osten bis zur Bergstraße und Richtung Westen über Neckar und Oststadt hin zu den Innenstadtquadraten und den Wohntürmen der Neckarufer-Nord-Bebauung. Bilderbuch-Motive nicht nur bei Sonnenauf- und untergang garantiert.

Für solche Superlativen mussten Superleistungen der Konstrukteure, der Ingenieure, Schweißer, Kranfahrer, immer aufmerksamer, extrem genauer Prüfer und nicht zu vergessen die der Transporteure her. Sie alle können ein Lied von diesem monatelang aufreibenden Auftrag singen. Aus Finnland kam der bewusst rostige, aber sehr beständige, edle Cortenstahl, in Brandenburg entstanden die Einzelteile, die erst an Ort und Stelle mit über fünf Kilometern Schweißnähten zusammengefügt wurden Es erscheint verständlich, dass die Hersteller, die sonst rein technisch orientiert z.B. Schleusen oder Stauwerke bauen, angesichts dieses Auftrages wenigstens im Detail ihre anderen Fähigkeiten beweisen wollten: Auf einer Seite des Geländers halten Streben ein stabiles Netzgeflecht, alle einzeln gefertigt und nur annähernd gleich. Ein Hauch von Kunst am Bau.

Und diese Kraftanstrengungen für eine Sackgasse an 178 Tagen? Und dafür gut drei Millionen Euro Baukosten? Kein Mensch könnte das als nachhaltig durchgehen lassen. Tatsächlich wird der Abgang am westlichen Stegteil nach der BUGA geöffnet, dient dann also als Brücke über die Aubuckel-Straße. Fehlt eigentlich nur ein Platz an der Rampe für eine Grillstation, für das Steak am Steg.

Gerhard Mandel

DAS ABC DER BAUMSCHULE

Sind es wirklich ganz genau 2023 Bäume, die auf Spinelli in Mannheims Zukunftswald wachsen? Eigentlich ist es egal. Tatsächlich kommt es darauf an, mit diesem prägenden Teil des Experimentierfeldes einen einmaligen Versuch mit später tatsächlich praktischem Nutzen zu gestalten. Natürlich ist die Anzahl symbolisch zum BUGA-Jahr gewählt, jedoch längst nicht nur aus werbetechnischen Gründen. Man braucht eben möglichst viele „Versuchsbäume“, denn es gilt herauszufinden, welche Arten sich wohl in Zukunft in dem leider nicht mehr zurückzudrehenden Klimawandel und den besonderen Anforderungen des Rheingrabens behaupten können.

Nicht mehr und nicht weniger ist das Ziel dieser überdimensionalen Baumschule. Am Ende soll im Zeugnis so etwas wie die allgemeine Großstadtreife für Zukunftsbäume stehen. Man darf gespannt sein, ob alle „Schüler“ versetzt werden. Wer das „Klassenziel“ erreicht, wird tatsächlich versetzt und kann sich auf einen attraktiven Platz in Mannheims Innenstadt oder in den Stadtteilen freuen, denn diese Baumschule wird aufgelöst.

Nach der BUGA wandern 2023 Bäume von Spinelli an Stellen, wo Schattenspender derzeit fehlen. Werden die Spinellibäume tatsächlich denen, die sich künftig unter ihnen niederlassen, die Geschichte von vielen staunenden, vielleicht auch skeptischen BUGA-Gästen erzählen, die an den Erfolg dieses Experimentes nicht so recht glauben wollten? Eine Vorstellung, die man mit einem Augenzwinkern begleiten kann, aber ein sehr konkretes Beispiel, wie BUGA nachhaltig wirken kann, von den gärtnerischen Erkenntnissen ganz abgesehen.

In die BUGA-Baumschule gehen rund 80 Arten an Klimaverbesserern, von hier und aus aller Herren Länder und Kontinenten. Alle werden gleich behandelt. Mit der gleichen Sorgfalt und Zuneigung ihrer gärtnerischen Lehrer zwar, aber ohne Lieblingsschüler zu sein. Alles andere würde das Resultat verfälschen. Vom A für den Ahorn bis zum Z für den Zierapfel, alle lernen das gleiche Alphabet. Von ihren Eltern bringen sie freilich verschiedene Gene mit: Die einen stecken Autoabgase, ständige Erschütterungen und wenig Platz am Straßenrand besser weg, die anderen begnügen sich von Hause aus mit wenig Wasser und lieben geradezu prallen Sonnenschein. Wieder andere fühlen sich inmitten der Häuserschluchten und deren knappem Lichtangebot wohl. Wer passt wohin?

Eine interessante Frage ist auch, wie der Untergrund, die Basis für künftige Neupflanzungen, aussehen muss. Die richtige Balance zwischen Wasserversickerung und gewollter natürlicher Zisterne, einer Art Vorratsbehälter kann für das dauerhafte Leben eines Baumes entscheidend sein. Welche Bodenbeschaffen-

heit braucht es, damit Starkregen im richtigen Maß gesammelt und der Baum trotzdem nicht ertränkt wird?

Der Begriff „Mannheimer Schule“ bezeichnet in der Musikgeschichte seit Jahrhunderten einen wichtigen, prägenden Kompositionsstil. Schafft es die Baumschule BUGA23 ebenfalls, richtingsweisender Leitfaden zu werden? Schon wieder ein Fragezeichen, diesmal mit 2023 Antwortmöglichkeiten.

Gerhard Mandel

VIEL SONNE, VIEL HITZE, WENIG REGEN

Klimawandel – das zentrale Thema genau ein Jahr vor der BUGA: Noch wie wurden so viele Sonnenstunden gezählt, nur drei Sommer seit 1881 waren wärmer und nur in fünf Sommerperioden fiel weniger Regen. Dürre breitet sich aus, Bäume werfen frühzeitig Blätter ab. Der Deutsche Wetterdienst stellt am 30. August 2022 fest: „Wir dürften in Zeiten des Klimawandels einen bald typischen Sommer erlebt haben."

Mittendrin: Mannheim. Bilder, die sonst aus südlichen Erdregionen kommen, sind nach sechs Wochen ohne Niederschlag auch auf Spinelli Realität.

Gerhard Mandel

GLOCKENKLANG IM GRÜNEN

Kirche auf der Buga

Kurfürst Carl Theodor hat sie 1755 in Auftrag gegeben, Mozart hat ihren Klang gehört und sie hat unzählige Kriege überstanden: die Carl Borromäus-Glocke der Jesuitenkirche, benannt nach dem Namenspatron des Kurfürsten. Zuletzt in der Sakristei der Jesuitenkirche postiert, hat sie nun eine neue Funktion bekommen – als Glocke der Kirche auf der Bundesgartenschau ruft sie, auf einem Steinsockel platziert, die Menschen mitten in der grünen Oase regelmäßig zum Gebet.

„Hier wachsen Perspektiven“ lautet das Motto auf diesem Erlebnisgelände ganz in der Nähe des Nord-Eingangs. „Möglichkeitsgarten“ nennen die evangelische und die katholische Kirche ihren gemeinsamen, ökumenischen Beitrag zu dem sommerlangen Fest auf dem 700 Quadratmeter großen Areal am Rande des Experimentierfelds.

Der Grundriss entspricht dem einer Kathedrale. Für Schatten sorgt ein buntes Flatterdach aus wiederverwendeten und zurechtgeschnittenen alten Bannern. Lockere Sträucher und Stauden fassen das Gelände ein. Eine Bühne mit beranktem Dach bietet Raum für Feiern und Veranstaltungen. Ein künstlich angelegter Bachlauf mit Sitz- und Trittsteinen soll für Erfrischung sorgen und Tauffeiern an einem besonderen Ort ermöglichen. Recycelte Kirchenbänke laden zu Begegnungen ein, ein acht Meter hoher Kirchturm ist weithin sichtbar.

Und eine Klanginstallation, auf der Basis einer Kooperation mit der Popakademie Baden-Württemberg als gemeinsames Projekt mit dem Komponistenkollektiv „Tonkönig“ um Jonny König und David König sowie den Mixing Engineer Chris Gajny entstanden, sorgt für meditative Musik.

Immer sonntags um 12 Uhr ist ein Gottesdienst, täglich um 12 Uhr mittags eine Andacht und um 17 Uhr das Angebot „Singen & Sagen“. Dazu ruft stets die Glocke, die auch ein besonderes Friedenszeichen ist – denn im Zweiten Weltkrieg entgeht sie knapp dem Schicksal, zur Herstellung von Munition eingeschmolzen zu werden. Ursprünglich ist sie Teil des sechsteiligen barocken Geläuts, wird aber meist nur solistisch genutzt. Im Zweiten Weltkrieg 1942 muss sie auf Weisung der Nationalsozialisten vom Turm abgenommen worden. Sie kehrt aber 1947 unversehrt und nicht eingeschmolzen von Hamburg, einem der zentralen Glockenlager, zurück und wird während des Wiederaufbaus 1948 zunächst wieder aufgehängt.

Als 1956 ein komplett neues Geläut für die Jesuitenkirche entsteht, kommt sie ins Archiv der Kirche in der ehemaligen Kreuzkapelle neben der Sakristei. Nach der Bundesgartenschau soll sie wieder aufgehängt werden.

Im „Möglichkeitsgarten" sollen die Gartenschau-Besucher „Kirche ganz neu erleben, und die Kirche kann auf kreative Weise nah bei den Menschen sein", fasst Pfarrerin Nina Roller den ökumenischen Beitrag des evangelischen und des katholischen Dekanats zusammen. Neben der evangelischen Pfarrerin vertritt Barbara Kraus, über 20 Jahre Gemeindereferentin von St. Hildegard in Käfertal-Süd, direkt in der Nachbarschaft von Spinelli, die katholische Seite. „Hier sollen Menschen paradiesische Momente genießen und Kraft schöpfen", beschreibt Kraus die Aufgabe des kirchlichen Beitrags. Roller und Kraus werden von der Grafikerin Valentina Ingmanns, die als Projektkoordinatorin tätig ist, unterstützt. 105 ehrenamtliche Helfer zwischen 14 und 76 Jahren gestalten das Programm, pflegen den Garten und sind als Ansprechpartner für Besucher da. Über 50 Gemeinden, Initiativen und Institutionen steuern Programmbeiträge bei.

Peter W. Ragge

DIE RENAISSANCE

„Seeigel“ aus Holz wiederverwendet

Es ist ein besonderes Zeichen der Nachhaltigkeit: Die Metropolregion Rhein-Neckar präsentiert sich den Besuchern der Bundesgartenschau 2023 in jenem Holzpavillon, der schon 2019 bei der Bundesgartenschau in Heilbronn als Veranstaltungsort diente und dort bereits eine architektonische Attraktion darstellte.

Der Pavillon aus Lärchenholzplatten sieht aus wie ein Seeigel, besteht aus 376 Segmenten, ist sieben Meter hoch, überspannt eine Fläche von 500 Quadratmetern. Der nach Vorbild eines Seeigels entworfene Bau ist als Forschungsprojekt am Institut für Tragkonstruktionen und Konstruktives Entwerfen der Universität Stuttgart und am Institut für computerbasiertes Entwerfen und Baufertigung entstanden. Konstruiert hat ihn der Architekt Prof. Achim Menges, der erst kürzlich den Gottfried-Wilhelm-Leibniz-Preis 2023 zur Förderung seiner Forschung erhielt. Menges beschäftigt sich in seinen Werken mit den Wechselwirkungen von Form, Material, Struktur und Umwelt. Beispiele für seine von der Natur inspirierten, architektonischen Designs sind auch bereits auf der Biennale in Venedig zu sehen gewesen – und nun eben auch auf der Bundesgartenschau.

Der Bau besteht aus sechseckigen Segmenten sowie mehreren Stützbögen, die Einzelteile sind vollständig computergestützt und von Robotern hergestellt worden. Dazu haben die

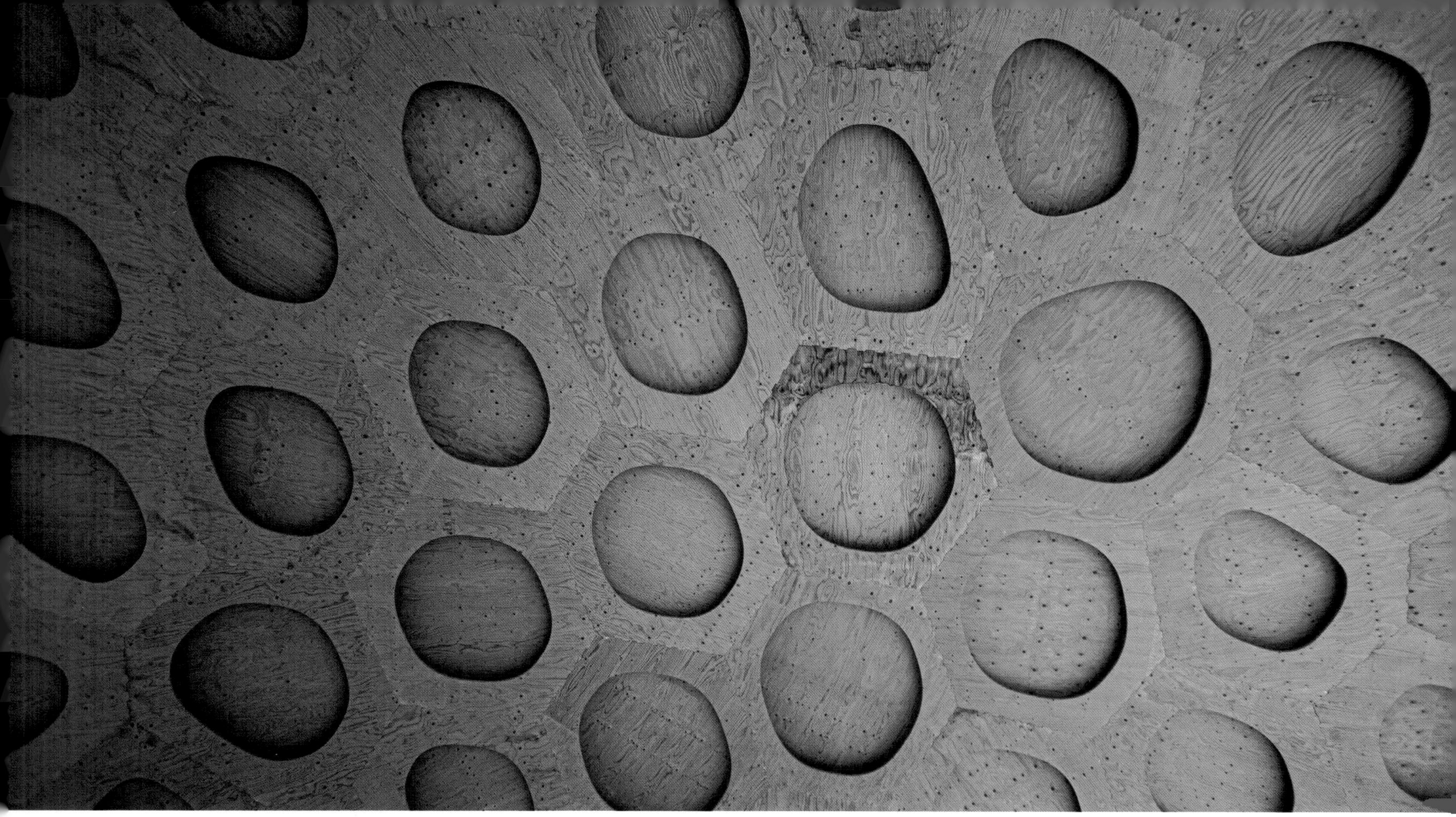

Konstrukteure eigens eine neuartige, transportable, 14-achsige Roboter-Holzfertigungsplattform für den automatisierten Zusammenbau der maßgeschneiderten Segmente entwickelt.

Die Leichtbaukonstruktion gilt weltweit als einzigartig. Die Landesregierung hat das Projekt mit 2,5 Millionen Euro gefördert – als Vorbild für neue Baustoffe und moderne Herstellung mit Robotern. Daher ist auch von Anfang an klar gewesen, dass der besondere Pavillon nach der Zeit in Heilbronn ein „zweites Leben" bekommen soll – das hat ihm für die Bundesgartenschau in Mannheim die Metropolregion eingehaucht. Dazu ist der Holzpavillon in Heilbronn demontiert, per Tieflader nach Mannheim gebracht, kurzzeitig auf dem Spinelli-Areal eingelagert und im Frühjahr dann aufgebaut worden.

Alle drei Institutionen der Metropolregion – der Verband Region Rhein-Neckar, die Metropolregion GmbH und der Verein Zukunft Metropolregion – bespielen den Pavillon gemeinsam. Unter dem Kuppeldach bieten verschiedene Präsentationsflächen und eine Veranstaltungsbühne Platz für Ausstellungen, Netzwerktreffen und Podiumsdiskussionen. Die Metropolregion Rhein-Neckar will den Pavillon außerdem nutzen, um ihr großes Kultur- und Freizeitangebot, Wirtschaft und Wissenschaft zu präsentieren.

Peter W. Ragge

AUS DER SEILBAHN IN DIE KLANGWELT

Ist es einfach nur ein besonders schwungvolles Dach oder versteckt sich unter dem nicht alltäglichen Regenschutz eine extravagante Idee, ist es vielleicht eine Denksportaufgabe für Musikinteressierte? Ja, mit etwas Phantasie lässt sich der Bass-Schlüssel des Notensystems in spiegelverkehrter Anordnung erahnen. Kann auch Zufall sein. Musik, Laute jedenfalls sind dort, direkt neben der Seilbahnstation Spinelli der Schlüssel zum Erfolg. Kaum angekommen nach luftiger Traumfahrt, ist mitmachen gefragt. Abwechslung garantiert, aber nicht für sich alleine. Von der Decke hängen Seile herab. Nach der Seilbahn ist vor den Klangseilen, denn wer die kleinen Sitze daran nutzt, stößt eine Melodie an. Welche? Kommt drauf an, wie viele in welcher Reihenfolge mitmachen. Auf jeden Fall immer eine andere. Nur zu: dran drehen, ziehen, sich draufsetzen. Jede Bewegung erzeugt einen Glockenton. Und wenn alle in Aktion sind, entsteht ein polyphoner Klangteppich. Mit geschlossenen Augen entführt man sich selbst in ein klingendes Blütenfeld, das ständig wechselt. Ein spielerischer Willkommensgruß der unerwarteten Art und eine Spielstation mit Fortsetzung: Wenige Schritte weiter können Kinder Sandburgen auf Resonanzkreisen auftürmen und sie mit Schwingungen wieder zu reinen Sandhaufen platt trommeln. Da muss man erst mal drauf kommen. Eine Fahrrad-Station treibt ein Karussell an. Mit ganz und gar umweltfreundlichem Energieeinsatz, jeder Tritt in die Pedale bringt ein paar Zentimeter voran. Wollen wir wieder Kind sein? Was für eine Frage.

Gerhard Mandel

Schwebend über die Staus hinweg

DIE SEILBAHN

Man schwebt über Felder, sieht von Weitem das Großkraftwerk, kann bis hinüber in die Pfalz oder in den Odenwald schauen. Dann geht es über Kleingärten und Tennisplätze hinweg, noch höher über die Gleise der Östlichen Riedbahn, dann an einer großen Leichtathletik-Anlage entlang und über die Halle einer Spedition. Es folgen Neckarkanal, Maulbeerinsel und Neckar – schon ist die Fahrt vorbei. Nur sieben Minuten dauert es, um mit der Seilbahn vom Spinelli-Areal in den Luisenpark zu kommen. Aber diese sieben Minuten sind ein Erlebnis.

2,1 Kilometer lang ist diese Trasse – Luftlinie. Angetrieben wird die Seilbahn von der Station auf dem südlichen Spinelli-Gelände am BUGA-Haupteingang. Das Gegenstück, die Umlenkstation, steht auf der Freizeitwiese des Luisenparks beim Teehaus. In den 64 Kabinen vom Typ „Omega", die je zehn Personen fassen, können bis zu 2800 Besucher pro Stunde und Richtung transportiert werden. Die Geschwindigkeit beträgt etwa 6,5 Meter pro Sekunde.

Ohne Seilbahn müssten, um so viele Gäste von einen zum anderen Gelände der Bundesgartenschau zu bringen, 65 Busse verkehren – pro Stunde. Es wäre nicht nur schwierig und teuer, so viele Fahrzeuge und Fahrer für diesen Zeitraum zu bekommen – die Busse würden auch oft im Stau stehen, die Besucher Zeit verlieren. Von den Auswirkungen auf die Umwelt ganz zu schweigen.

Die Seilbahn dagegen fährt mit Ökostrom. Und sie ist ein besonders nachhaltiges Projekt. Die Bundesgartenschau-Gesellschaft hat nämlich die Seilbahn nicht gekauft, sondern die Transportleistung als Auftrag vergeben. Den Zuschlag für Bau und Betrieb erhielt die österreichische Firma Doppelmayr. Von dem 1893 in Wolfurt (Vorarlberg) gegründeten Familienunternehmen sind in 96 Ländern der Welt auf sechs Kontinenten 15 100 Anlagen zu finden. Es gilt daher als Weltmarktführer. Die Wurzeln des über 3000 Mitarbeiter zählenden Unternehmens liegen in der Herstellung von Geräten für Landwirtschaft und Weinbauern.

Erst langsam kamen Holzseilbahnen, dann Skilifte hinzu.

Ein Teil der Kabinen und der Anlagen waren vor Mannheim bereits bei der internationalen Gartenbauausstellung Floriade Expo 2022 in Almere in den Niederlanden im Einsatz und werden hier wiederverwendet. Fest vertraglich fixiert ist zudem, dass Doppelmayr die Mannheimer Seilbahn nach der Bundesgartenschau abmontiert und dann andernorts weiterverwendet.

Die zehn Stützen, die mit ihrer Höhe zwischen 30 und 45 Metern derzeit die Silhouette in einem Teil von Mannheim prägen, kommen also nach der Bundesgartenschau alle wieder weg – sogar die Betonfundamente müssen wieder ausgegraben werden. Doch weil die Firma verstärkt versucht, Seilbahnen nicht nur an Großveranstaltungen oder Skigebiete zu verkaufen, sondern sie auch als Nahverkehrslösung anzubieten, sieht sie Mannheim auch als Referenzstrecke.

Peter W. Ragge

LUISENPARK

DIE BUNDESGARTENSCHAU 1975

Ein sommerlanges Fest verändert die Stadt

Sie „wird in der Geschichte nachklingen“ – diese Überzeugung äußert der damalige Bundespräsident Walter Scheel, als er im April 1975 die Bundesgartenschau in Mannheim eröffnet.

Dabei herrscht zunächst Lethargie im Land, auch in der Stadt. 1973 kann man, wegen der Sonntagsfahrverbote durch die Ölkrise, auf der gerade erst fertiggestellten Carlo-Schmid-Brücke einen Spaziergang machen. 1974 meldet das Strebel-Werk, ein großer Heizkörper-Hersteller, völlig überraschend Insolvenz an. Viele Familien sind von Arbeitslosigkeit betroffen, die Bevölkerung von der Agonie der ersten großen Nachkriegs-Wirtschaftskrise erfasst.

Aber am 18. April 1975 – da ist das alles vergessen. Plötzlich blühen nicht nur 30 000 Tulpen auf, sondern gefühlt ganz Mannheim. Der damalige Oberbürgermeister Ludwig Ratzel begrüßt Bundespräsident Scheel mit Chef-Hostess Elke Ehrenfeld, ganz im gelben Kostüm, sowie Fred Reibold, dem „Jäger aus Kurpfalz“. Reibold verkörpert diese Aufbruchstimmung, dieses Nutzen einer großen Chance wie kein anderer. Erst Lagerist, dann kaufmännischer Angestellter, wird er 1974 arbeitslos. Aber mit seiner Gitarre hat er immer schon bei Familien- und Vereinsfeiern gespielt. Dabei entdeckt ihn eine der Mitarbeiterinnen der ersten Stunde der Bundesgartenschau. Er lernt reiten und geht in den Wald, um das Blasen auf dem Jagdhorn zu üben, bewirbt sich erfolgreich als Maskottchen und ist nicht nur vor und während der Gartenschau, sondern lange danach mit liebevoll-herzlichem Charme als Symbolfigur der Stadtparks unterwegs.

Der „Jäger aus Kurpfalz“ wird nicht allein von Fred Reibold verkörpert, es gibt ihn auch als von Loriot (Vicco von Bülow) gezeichnetes Männchen – mit Vorderlader-Flinte, aus der eine Margerite sprießt. Er ziert fünf Millionen Prospekte, sechseinhalb Millionen Brief-Aufkleber, 500 000 Plakate sowie eine bunte Vielfalt von Souvenirs. Noch keine der Bundesgartenschauen seit 1951 hat ein derart umfangreiches, modernes Marketing praktiziert wie Mannheim 1975.

Doch dieses Marketing zahlt sich aus, weckt Vorfreude, schürt die Spannung. Schon vor der Eröffnung sind 150 000 Dauerkarten verkauft; am Ende werden es 190 000 sein. Allein in den ersten drei Tagen strömen 200 000 Besucher, schon in weniger als einem Monat eine Million, insgesamt dann 8,1 Millionen Besuche – so viel wie noch nie und nie mehr danach bei einer Bundesgartenschau. Er kommt

Stadt der Bundesgartenschau 1975
MANNHEIM

BUNDESGARTENSCHAU
MANNHEIM 1975
18. April – 19. Oktober
EINTRITTSKARTE
ERWACHSENE DM 5,–
169076
BUNDESGARTENSCHAU
MANNHEIM 1975
18. April – 19. Oktober
EINTRITTSKARTE
ERWACHSENE DM 5,–
169077
A

also, der „Strom der Besucher“, den Walter Scheel am Eröffnungstag voraussagt. Schließlich müssen an diesem Morgen die Tore schon geöffnet werden, noch ehe das Staatsoberhaupt die Eröffnungsworte gesprochen hatte.

Walter Scheel verteidigt, gerade angesichts wirtschaftlicher und sozialer Probleme die Ausgaben von letztlich 65 Millionen D-Mark für die Bundesgartenschau nachdrücklich. „Bei Bundesgartenschauen geht es nicht nur darum, Blumen zu zeigen, eine Stadt mit Grün zu verschönern. Es geht letztlich darum, das Städtechaos zu überwinden und Menschen, die auf engem Raum zusammenleben, den Zugang zur lebensspendenden und lebenserhaltenden Natur zu schaffen“, ruft Scheel aus und bescheinigt Mannheim, es sei „ein bilderbuchartiges Beispiel“ für den nötigen Wandel und diese Bundesgartenschau „ein wesentlicher und entscheidender Schritt auf dem Weg zum modernen Mannheim“.

Im Luisenpark fährt Scheel nicht „hoch auf dem gelben Wagen“, den er so oft besungen hat, sondern Gondoletta – Boote mit gelbem Dach auf dem Kutzerweiher. Das Gartenschau-Erfolgsduo aus Werner Haas (technischer Geschäftsführer, später Hochbauamtsleiter) und Karl Eisenhuth (kaufmännischer Geschäftsführer und dann bis 1992 alleiniger Stadtpark-Chef) ist hoch zufrieden. Fünf Jahre dauern ihre Vorbereitungen. Als abends über der Seebühne ein Brillantfeuerwerk gezündet wird, ist

es das Ende eines wunderschönen Tages – und der Beginn eines 185 Tage währenden, grandiosen Fests.

Das Veranstaltungsprogramm, das Hannes Maier, zu der Zeit Verwaltungsdirektor des Nationaltheaters, organisiert, umfasst über 1800 einzelne Events an 185 Tagen. 77 Folkloregruppen aus 26 Ländern treten auf – und das zu einer Zeit, als die Welt noch nicht so globalisiert ist wie heute.

Keine der Showgrößen der 1970er fehlt: Marika Rökk, Karel Gott, Hans Rosenthal, Rudi Carell, Ivan Rebroff, Inge Brück, die Berliner Philharmoniker unter Herbert von Karajan. Zahlreiche Fernsehshows werden aus Mannheim ausgestrahlt – allein den „Blauen Bock", live aus der Multihalle, sehen bundesweit 20 Millionen Menschen. Mehr als 20 000 Reisebusse und 150 Sonderzüge steuern zur Gartenschau die Quadratestadt an.

Und die Parks werden zum Paradies für Kinder: 20 Spielplätze entstehen neu. Einer, das Höhlenlabyrinth im Herzogenried, wird nach Entwürfen einer Schulklasse erstellt – eine frühe Form der Partizipation, als das Wort noch nicht erfunden ist. Unvergessen das Ballgebirge „Babbelplast": Die auf der Freizeitwiese im Luisenpark unter einem Netz aufgehäuf-

ten riesigen Bälle zum Klettern und Toben sind der Hit. Und nicht nur die 1975 so beliebten Spielplätze gibt es noch heute, auch die Gondoletta, die Seebühne und die Multihalle. Zwei Grünflächen mit zusammen 70 Hektar bleiben der Stadt neu gestaltet erhalten, der Luisenpark (um die „Rennwiese" erweitert) und der zuvor arg heruntergekommene Herzogenriedpark. 690 000 Kubikmeter Erde werden dazu bewegt, 50 200 Quadratmeter neue Wasserflächen geschaffen, 557 Bäume gepflanzt, unzählige Blüten zum Blühen gebracht.

Wichtige Bauten entstehen oder werden in die Wege geleitet, ganz Mannheim ändert sich. Das beginnt bei den Planken, die sich zur Fußgängerzone wandeln, führt über das 1975 eröffnete Collini Center und die damals geplante, erst später realisierte Bebauung des Neckarufers Nord bis zur Errichtung des Fernmeldeturms oder dem neuen Wohngebiet Herzogenried mit Gesamtschule und Kinderhaus. In dem läuft während der Gartenschau die von Heinz Haber organisierte Weltraumausstellung mit echtem Mondgestein – Initialzündung für den Bau des (dann aber erst 1984 realisierten) Mannheimer Planetariums.

Peter W. Ragge

Von Alpakas bis zum Aquarium

VIELES NEU IM LUISENPARK

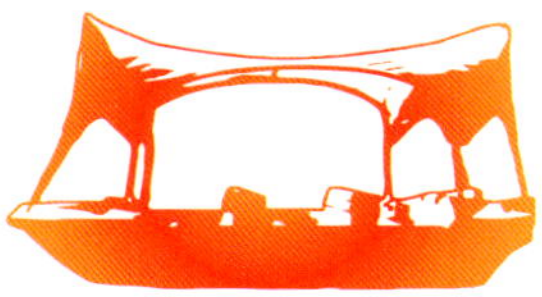

Ein weißer Schornstein war immer von weitem zu sehen – sonst nur Zäune, Mauern, Schuppen. Ein interner Wirtschaftshof mit Umkleiden für Mitarbeiter, Quarantänestationen für kranke Tiere sowie Futterküchen blockierte mitten im Luisenpark lange eine Fläche. Die ist jetzt, dank der Bundesgartenschau, für die Gäste zurückgewonnen worden. 3000 Quadratmeter mehr stehen zur Verfügung, insgesamt ist für die „Neue Parkmitte" zwischen Pflanzenschauhaus und Kutzerweiher ein Areal von 1,89 Hektar umgebaut worden.

A

Unterwasserwelt

Anstelle des alten, schon lange als marode geltenden Aquariums des Pflanzenschauhauses, 1958 errichtet und zuletzt 1985 umgebaut, entstand eine Unterwasserwelt mit dem Titel „In 80 Schritten um die Welt“ und 21 Becken, davon acht Meerwasser-, ein Brackwasser- und zwölf Süßwasserbecken mit zusammen 130 Kubikmetern Wasser. Zu sehen sind Kraken, lebende Fossilien wie Knochenhechte und Pfeilschwanzkrebse, blinde Höhlenbewohner wie Höhlensalmler, angriffslustige Räuber wie Piranhas oder bekannte Sympathieträger wie Seepferdchen und Anemonenfisch. Einen Höhepunkt bilden die Meere des australischen Kontinents mit einem tropischen Korallenriff, das dem „Great Barrier Reef“ nachempfunden worden ist. Mit seinen 22 Kubikmetern Wasser wird dieses Riffbecken das größte der neuen Unterwasserwelt. Neu ist auch der über der Unterwasserwelt gelegene Restaurantbereich.

Freiflugvoliere

Neben der Unterwasserwelt ist eine 1300 Quadratmeter große begehbare, bis zu 13 Meter hohe Vogelvoliere entstanden, mit an filigranen Stahlseilen und Pfeilern befestigtem transparenten Dach. Die alte Großvoliere war gerade mal ein Drittel so groß. Nun laufen die Besucher vorbei an kleinen Gewässern und Bachläufen, Stauden und Gräserpflanzungen sowie Felsen und Findlingen, während die Vögel über ihnen fliegen. Imposante afrikanische Storchenvögel werden hier ohne Barriere erlebbar, etwa Nimmersattstörche, Abdimstorch, Rote Sichler und Waldrapp.

Pinguinanlage

Die Pinguinanlage ist im Vergleich zum früheren Gehege nicht nur deutlich größer – sowohl im Wasser als auch an Land. Sie ist auch um einiges naturnaher gestaltet. Eine Felslandschaft prägt in ausgewählten Bereichen die Oberflächenstruktur der Anlage: In unmittelbarer Nähe zum Wasser kommt Granitgestein zum Einsatz, das unter anderem verhindert, dass Erde in das Becken gelangt. Im Pinguinpool selbst wird Kunstfels modelliert, der dem Naturstein optisch entsprechen wird. Die restliche Anlage wird mit Kies, Sand und Grasflächen geformt. Darüber hinaus zieren vier Linden den künftigen Lebensraum der Mannheimer Humboldt-Pinguine. Strömungspumpen bieten den Tieren Abwechslung und fördern natürliches Verhalten der Pinguine. Eine auslaufende Uferzone erlaubt den Pinguinen künftig bequemeres Anlanden. Der Landteil wird deutlich vergrößert, damit die Tiere vor dem Betreten der Bruthöhlen besser abtrocknen können. Besucher haben die Chance, das Treiben unter Wasser, etwa den sogenannten Unterwasserflug der Pinguine, durch eine große Panoramascheibe an der tiefsten Stelle des Beckens zu beobachten.

Ein Teil des Pflanzenschauhauses wurde zum Südamerikahaus

Südamerikahaus

Das bisherige reine Schmetterlingshaus im Luisenpark ist zu einem Südamerikahaus umgebaut und erweitert worden, um erstmals Tiere und Pflanzen des Subkontinents gemeinsam zu präsentieren. In der exotischen kleinen Welt mit tropischer Vegetation sowie kleinen künstlichen Felsen werden 200 Arten Schmetterlinge frei herumflattern. Im Puppenkasten ist zu sehen, wie die faszinierenden Insekten schlüpfen. Einen neuen Platz bekommt hier der Brillenkaiman, bisher bekannt vom Eingangsbereich des Pflanzenschauhauses. Künftig sorgt eine große Besucherscheibe direkt am Becken für Einblicke unter Wasser, denn dort liegt der Vertreter aus der Alligatoren-Familie gern auf der Lauer. Neu sind – statt der Lisztäffchen – eine zu Südamerika passenden Krallenaffenart, und Grüne Acouchis, Verwandte der Meerschweinchen. Auch Leguane und die Boa constrictor werden hier angesiedelt. Finanziell ermöglicht haben das Südamerikahaus die Freunde des Luisenparks mit einer Spende von 400 000 Euro.

Alpakas

Auf der Fläche des ehemaligen kleinen Minigolfplatzes, angrenzend an das neue Gebäude der Zoologie und den Bauernhof, ist eine neue Tierart im Luisenpark heimisch geworden: Alpakas. Die beliebte südamerikanische Kamelart mit dem flauschigen Fell hat ein 1880 Quadratmeter großes Gelände mit schönem Unterstand bekommen. Die geselligen Tiere, mit einer Schulterhöhe von etwa 90 Zentimetern und einem Gewicht um 60 Kilogramm quasi die kleine Ausgabe des Lamas, leben überwiegend im Hochland Chiles, Perus und Boliviens, der Gebirgsregion der Anden, in Herden im Grasland, in Steppen oder Halbwüsten. Die Tiere sind robust und kommen auch mit extremen klimatischen Verhältnissen wie Kälte, Wind, Regen, Schnee oder starker Sonne zurecht. Dennoch benötigen sie in den warmen Sommermonaten Unterstände und sollten geschoren werden, um Hitzestau zu vermeiden. Für Schatten ist im Luisenpark mit den alten Bäumen gesorgt.

WIESBAUER
WIESBAUER
krane.de

Garten der Partnerstädte

Der ehemalige, zuletzt arg zugewachsene Irisgarten am Gebirgsbach im Luisenpark hat sich zum „Garten der Partnerstädte“ gewandelt, wo sich auf 800 Quadratmetern die Mannheimer Partnerstädte gärtnerisch präsentieren. Kunstvoll geflochtene Weidenzäune, Kopfweiden und Weinreben, die typisch für die Gegend um Chisinau sind, prägen den Abschnitt für die Stadt der früher als Moldawien bekannten Republik. Für den Entwurf von Zhenjiang wurde der Bachlauf neu gestaltet und schon mit einem Gartenbonsai ergänzt. Im Weidenensemble aus Bydgoszcz wird man kleine Lautsprecher integrieren, denn sie ist eine Stadt der Musik. Für Riesa entsteht ein von einer Art Klostermauer umgebener Kräutergarten – ist die sächsische Stadt doch aus einem Kloster entstanden. Eine Dünenlandschaft steht für das an der Ostsee liegende litauische Klaipeda und die dortige kurische Nehrung, ein Brunnen wie aus einem Park wird im zudem mit Tierfiguren versehenen Geländeabschnitt für das kanadische Windsor plätschern. Mediterrane Bepflanzung, etwa mit Zypressen, erinnert an das südländische Flair im südfranzösischen Toulon. Eine jüdische Laubhütte nach einem Entwurf aus Haifa und ein durch den Umbau des Pflanzenschauhauses umgesetzter Olivenbaum laden dazu ein, Platz zu nehmen – auch Laubhüttenfeste sollen dort künftig gefeiert werden. Stichwort feiern: Dazu dient ein zentraler Platz, bestückt mit typischen Berliner Parkbänken aus Charlottenburg und bewusst hergestellt aus elf verschiedenen Steinsorten – der „Platz der Partnerstädte“.

Seebühne und mehr

Zudem ist im Luisenpark an vielen Ecken etwas passiert. Die Seebühne hat ein neues Dach erhalten, die Seerosenbecken vor dem Café Pflanzenschauhaus sind saniert, viele Wege und Beete erneuert, am Heinrich-Vetter-Weg in Zusammenarbeit mit dem „Forum der Religionen" eine ökumenische Stätte der Ruhe und Besinnung geschaffen worden. Und damit die ganzen Neubauten klimafreundlich mit Wärme im Winter und Kühle im Sommer versorgt werden können, ist eine Abwasserwärmerückgewinnungsanlage installiert worden, die ihre Wärme aus einem am Rande des Parks verlaufenden riesigen Abwasserkanal zieht. Auf diese Weise können auch sommerliche Spitzentemperaturen im Pool der Pinguine aufgefangen werden und dieser energiearm gekühlt werden.

Peter W. Ragge

DAS TEAM

THOMMY MARDO - www.thommy-mardo.de
Thommy Mardo ist freischaffender Fotograf, Galerist, Autor und Filmemacher aus Mannheim.
Thommy Mardo arbeitet als gefragter Auftragsfotograf für namhafte Firmen und Künstler aus dem In- und Ausland. 2007 bezog er sein jetziges Studio im ehemaligen Kino „Rex" im Mannheimer Stadtteil Schwetzingerstadt. Auf über 500 qm bietet er eine Studiofläche für Fotoproduktionen, Videodrehs und kleinere exklusive Veranstaltungen. Hier stellt er auch seine Arbeiten (hauptsächlich Mannheim-Motive) für interessierte Besucher aus und verkauft seine bis zu vier Meter großen Drucke.
Von der dpa-Tochter OBS wurde Mardo mit dem Titel des „besten Portrait des Jahres" geehrt. In Barcelona belegte er mit seiner Werkschau gemeinsam mit der NINO Druck GmbH den zweiten Platz beim „Award Of Excellence".

Gerhard Mandel, Jahrgang 1954, Journalist, bis 2019 Redaktionsleiter im SWR Studio Mannheim. Kurpfälzer von Geburt und aus Leidenschaft. Er hat die BUGA 1975 noch gut in Erinnerung und weiß, welchen Schub eine solche Veranstaltung für Stadt und Region auslösen kann. Seine Hoffnung: Die neue BUGA-Idee hilft auf den Weg in eine zukunftsfähige Stadtgesellschaft, in ein Leben nicht auf Kosten, sondern im Einklang mit der Natur. Offen für Fragen, neugierig auf Antworten und eingebettet in ein buntes Fest, das Menschen zusammen führt.

Peter W. Ragge, Jahrgang 1965. Hat bereits als Schüler die Bundesgartenschau 1975 miterlebt - und schwärmt bis heute davon. Er schrieb für eine Stadtschülerzeitung. Ausbildung bei der Rhein-Neckar-Zeitung (RNZ), Pressesprecher der Mannheimer Ausstellungsgesellschaft, ab 1988 Lokalredakteur beim Mannheimer Morgen, 1994 stellvertretender Leiter der Lokalredaktion, 2016 Chefreporter. Schwerpunkt sind Kirchen, Stadtgeschichte und große Kultureinrichtungen, z.B. Nationaltheater, Reiss-Engelhorn-Museen oder das „Blaulichtmilieu" (Feuerwehr und Rettungsdienste).

Dr. Gerhard Rietschel, Jahrgang 1941. Studium der Biologie, Chemie und Geographie an den Universitäten Frankfurt und Gießen. Promotion und Habilitation. Dozent in Gießen und später Lehrbeauftragter am Zoologischen Institut in Heidelberg. Ab 1981 bis 2004 Aufbau der Naturkundlichen Sammlungen des Reiß-Museums in Mannheim. Seit 1982 bis heute Naturschutzbeauftragter der Stadt Mannheim und damit Ansprechpartner für alle tierischen und pflanzlichen Probleme der Mannheimer Bürger.

Prof. Dr. Wilfried Rosendahl, Jahrgang 1966. Studium und Promotion in den Fächern Geologie, Paläontologie, Zoologie und Ur- und Frühgeschichte. Nach verschiedenen Universitäts- und Museumsstationen startete er 2004 seine Laufbahn bei den Reiss-Engelhorn-Museen in Mannheim, wo er seit 2021 als Generaldirektor den Kultur- und Forschungsbetrieb der international renommierten Institution verantwortet. Zu seinen Forschungsgebieten gehört auch das „Eiszeitfenster Oberrheingraben".

Verena Kessel, Jahrgang 1979. Aus- und Weiterbildung zur Medienfachwirtin im Hause Waldkirch. Nach dem Studium der Kunstgeschichte und einem Auslandsjahr kehrte sie zurück und ist seitdem kongeniale Partnerin der Verlegerin beim Büchermachen. Ihr Wissen und ihre Leidenschaft für Kunst und Design gibt sie zudem gerne an die Schülerinnen und Schüler der Merkur Akademie Mannheim im Fach Bildende Kunst weiter.

Barbara Waldkirch, Jahrgang 1957. Seit einem halben Jahrhundert mit dem Spross eines uralten Verlags- und Druckhauses liiert, hat sie seit 1992 dessen Tradition übernommen und verlegt historische und kritische Sachbücher zu Themen der Region, gerne auch mal Bildbände. Hin und wieder leistet sie sich ein wenig Belletristik, Lyrik und kleine Ausflüge in die Welt der bildenden und darstellenden Kunst.

Bildnachweis

Alle Fotos Thommy Mardo
außer:
S. 25 © Bauerschmidt
S. 29 Mitte Thomas Tröster
S. 42, 43, 45, 46, 47, 48, 50 © W. Rosendahl
S. 44 J. Willem CC BY-SA 3.0
S. 49 oben © rem, M. Schumann
S. 49 unten © K. Kreger-Schwerdt & W. Rosendahl
S. 54 Elsa Hennseler-Etté aus „Feudenheim – 100 Jahre lebendiger Stadtteil Mannheims", Verlag Waldkirch, 2009
S. 55 MARCHIVUM, Bildsammlung, AB01442-1-042a
S. 76–87 Gerhard Rietschel
S. 121 Cordula Schuhmann, www.kibuga23.de
S. 130 Fotografie Dietmar Strauß
S. 146 „Jäger aus Kurpfalz" von Loriot aus „Luisenpark Mannheim", Verlag Waldkirch, 2010
S. 147, 148, 150 privat Rainer Straßel, Mannheim
S. 149 MARCHIVUM, Bildsammlung, AB00613-002, Verkehrsverein Mannheim
S. 151 Elsa Hennseler-Etté aus „Luisenpark Mannheim", Verlag Waldkirch, 2010

Nicht in allen Fällen war es dem Herausgeber möglich, den Rechteinhaber der Abbildungen ausfindig zu machen. Sollten berechtigte Ansprüche bestehen, bitten wir den Rechteinhaber mit Nachweis um Kontaktaufnahme mit dem Verlag.

Endnoten

MANNHEIM, WOHIN?
BUGA23 – die andere Bundesgartenschau
S. 13-22

1 Michael Schnellbach in: Rahmenkonzept Bundesgartenschau, S. 4
2 Thomas Hornung bei ornithologischer Führung 16.6. 2022
3 OB Peter Kurz, Rahmenkonzept S. 2
4 Langjähriger Werbeslogan Luisenpark nach Fachzeitschrift „Deutscher Gartenbau" 1978 und 1986
5 Jochen Sandner, Rahmenkonzept S. 3

BESUCHE – BESUCHER?
1907 – 1975 – 2023
S. 29

1 Quelle: MARCHIVUM Mannheim

Literatur

URZEITREISE
Episoden aus dem Schichtenbuch der Erdgeschichte
S. 42-51

Nitsch, E. (2019): Vom Hochgebirge zur Tiefenstruktur - der Oberrheingraben zwischen Basel und Mannheim.- in: Rosendahl, W. et al. (Hrsg.): Entlang des Rheins von Basel nach Mannheim. Wanderungen in die Erdgeschichte, Bd. 38, S. S. 9-30; München.

Kümper, H. (2019): Der Oberrhein - Lebens- und Verkehrsader im Lauf der Zeit.- in: Rosendahl, W. et al. (Hrsg.): Entlang des Rheins von Basel nach Mannheim. Wanderungen in die Erdgeschichte, Bd. 38, S. 31-42; München.

Kremer, B. P. (2010): Der Rhein. Von den Alpen bis zur Nordsee.- 240 S.; Duisburg.

Rosendahl, W., Huth, T., Junker, B., Geyer, M. & Megerle, A. (Hrsg.) (2019): Entlang des Rheins von Basel bis Mannheim.- Wanderungen in die Erdgeschichte, Bd. 38, 160 S.; München.

Rosendahl, W. & Rosendahl, G. (2022) (Hrsg.): Eiszeit – Mensch. Natur. Klima, Oppenheim 2022, 264 S.

Rosendahl, W., Darga, D. & Döppes, D. (2022): EisZeitReise Deutschland. 36 Entdeckungen vom Chiemsee bis Flensburg, Oppenheim 2022, 144 S.

Schimper, K.F. (1837): Die Eiszeit. Für Freunde abgedruckt am Geburtstag Galilei's.- Flugblatt; Neuchatel.

Schimper, K.F. (1843): Über die Witterungsphasen der Vorwelt.- 20 S.; Mannheim.